DESOI®
Injektions-Abc
Das Nachschlagewerk für Bauspezialisten

Was genau versteht man eigentlich unter dem Wort Injektion?

Diese Frage wird uns immer wieder gestellt, wenn wir zu Sanierungsmöglichkeiten schadhafter Bauwerke zu Rate gezogen werden.

Während der Ingenieur-, Fach- und Berufsausbildung wird der Komplex Bauwerksabdichtung und besonders die nachträgliche Erhaltung und Instandsetzung von Bauwerken mittels Injektion kaum behandelt. Daraus resultiert, dass technische Regelwerke für die Planung und Ausführung von Injektionsarbeiten sowie der Qualitätskontrolle unterschiedlich interpretiert werden.

Aus diesem Grund haben wir die Idee zu einem Injektions-Abc in die Tat umgesetzt. Es sind die Ergebnisse aus 30 Jahren praktischer Arbeit sowie die Zusammenarbeit mit Bauspezialisten, Ingenieuren, Wissenschaftlern und Forschern der Baupraxis eingeflossen.

Dieses Lexikon der Injektion lebt von der aktiven Weiterentwicklung. Wenn Sie dazu beitragen möchten, nehmen wir Ihre Anregungen und Ergänzungen unter lexikon@desoi.de gerne entgegen.

Die 1. Auflage dieses Nachschlagewerkes war nach kurzer Zeit vergriffen. Zahlreiche Anregungen von Geschäftspartnern, Änderungen von Gesetzen und technischen Regelungen veranlassten das Autorenteam zur Aktualisierung.

Martin Desoi
Geschäftsführer

Siegfried Desoi
Geschäftsführer

Michael Engels
Geschäftsführer

DESOI GmbH – Wir stellen uns vor

Unternehmen

DESOI ist einer der führenden Hersteller von Injektionstechnik und Produkten rund um das Abdichten, die Risssanierung und zur Bauwerkserhaltung. Seit der Gründung im Jahr 1979 steht das Unternehmen für ständige Weiterentwicklungen von Systemen und Lösungen. Mit 86 Mitarbeitern gehört DESOI zu einem mittelständischem Familienunternehmen in der Mitte Deutschlands. Die Ausbildung von Lehrlingen in den Fachbereichen Bürokaufmann/-frau, Zerspannungsmechaniker/in Fachrichtung Fräs- und Drehtechnik, Technischer Produktdesigner/in sowie Industrietechniker/in und deren Übernahme ins Unternehmen sichert die Perspektive.

Sortiment

Wir führen eine große Auswahl an Packern und Maschinen für Ihren Injektionsbedarf. Angefangen von dem Kleinsten, dem Hohlraum-Schraubpacker, bis hin zum Größten, dem Doppel-Blähpacker. Sie können je nach Bedarf aus einer breiten Palette von Injektionspumpen wählen. Von der einfachen Handpumpe bis zur pneumatischen 2-Komponenten-Kolbenpumpe. Abgerundet wird das Angebot durch das passende Zubehör.

Zur Rissinstandsetzung wird das geprüfte DESOI-Spiralankersystem seit vielen Jahren erfolgreich eingesetzt.

Spezialanfertigungen

Die betriebseigene Fertigung und Konstruktion mit einem Spezialistenteam ermöglicht Sonder- und Spezialanfertigungen in kürzester Zeit im Bereich der Maschinen- und Packertechnik. Dabei werden durch das Zusammenspiel der einzelnen Fachabteilungen kosteneffektive Produkte hergestellt.

Service

Schnelle und unkomplizierte Abwicklung des gesamten Auftragswesens erzeugt die DESOI-Servicequalität auf hohem Niveau. Bestellungen, die werktags bis 16 Uhr eintreffen, verlassen in der Regel noch am gleichen Tag das Haus. Weltweite Sendungen können in einem Zeitraum von 24 bis 72 Stunden zugestellt werden. Damit gewährleisten wir einen reibungslosen Baustellenablauf.

Qualität

Für DESOI wird die Qualität insbesondere an der Erfüllung der individuellen Kundenanforderungen gemessen – jeden Tag! Wir sind nach ISO 9001:2008 zertifiziert und garantieren mit unseren Produkten den optimalen Erfolg bei Ihren Abdich- tungs- und Instandsetzungsmaßnahmen. Kunden aus aller Welt schätzen und nutzen die Vorteile von über 30 Jahren Know-how. „Made in Germany", ein wichtiges Qualitätsmerkmal.

Inhaltsverzeichnis

Impressum

2. Auflage 2013

Zeichenerklärung

↳ Verweis auf einen anderen Begriff, Anhang oder Zeichnung Finden Sie unter www.desoi.de zum Downloaden.

DESOI GmbH

Gewerbestraße 16
36148 Kalbach/Rhön
Telefon: +49 6655 9636-0
Telefax: +49 6655 9636-6666
E-Mail: info@desoi.de
Internet: www.desoi.de

Idee und Umsetzung

Dipl.-Ing. (FH) Dipl.-Wirt.-Ing. (FH) Michael Engels, DESOI GmbH
Rolf Büchner, DESOI GmbH

Gestaltung

Elke Raab, DESOI GmbH
Heiko Hohmann, DESOI GmbH

Die Autoren

Dipl.-Ing. Eur.-Ing. Katrin Hofmann
Dipl.-Ing. Jörg-P. Zemke
Mitarbeiter der DESOI GmbH

DESOI®

Injektions-Abc

Fachbegriffe von A bis Z

Abdichtungsplanung

Nachträgliche Bauwerksabdichtungen sind generell zu planen. Mit der Planung und Auswahl geeigneter Abdichtungsverfahren ist ein ✍ Fachplaner für Abdichtungen zu beauftragen. Der fachkundige Planer erstellt unter Berücksichtigung von Voruntersuchungen sowie wirtschaftlichen, technischen und - bei Erfordernis - denkmalpflegerischen Gesichtspunkten ein Abdichtungskonzept. Generell sind die baurechtlichen Regelungen zur Verwendbarkeit von Abdichtungsstoffen unter Beachtung von Auflagen des Umwelt- und Gewässerschutzes zu beachten. Zur Erreichung des Instandsetzungszieles sind ggf. Sonderfachleute hinzuzuziehen.

ABI-Merkblatt

Abdichten von Bauwerken durch Injektion. Herausgegeben von der STUVA – Studiengemeinschaft für unterirdische Verkehrsanlagen e. V. Die in diesem Merkblatt beschriebenen Verfahren zur nachträglichen Abdichtung von Bauwerken durch Injektionen sind Sonderverfahren. Diese gelangen zur Anwendung, wenn konventionelle Abdichtungen technisch nicht ausführbar oder unwirtschaftlich sind.

Acrylatgel

Gele werden in Deutschland und international zur Abdichtung von Bauwerken eingesetzt. Bei Gelen auf Acrylatbasis handelt es sich um ein flüssiges System, das durch chemische Anbindung (Polyaddition) zum Erstarren gebracht wird. Reaktionsgleichung: (Meth)-Acrylat-Lösung + Aktivator + Persulfathärter, Eigenschaften und Anforderungen: gute Elastizität, gutes Quellverhalten, niedrige Viskosität (ca. 5 bis 60 mPa·s bei 23 °C), gute chemische Beständigkeit, gute Verträglichkeit mit anderen Bauprodukten für die Bauwerksabdichtung, gutes Haftvermögen auf trockenen und feuchten Untergründen, i. d. R. umweltverträglich (Abstimmung mit Umweltamt, WHG beim Einsatz im Bereich Grundwasser), ökologische Unbedenklichkeit, gut steuerbare Reaktionszeit von ca. 10 s bis 10 min. Hinweis: Ein vollständiges Austrocknen muss verhindert werden, sonst besteht Schrumpfgefahr und Versprödung.

Adhäsion

ist das Aneinanderhaften zweier verschiedener Körper oder Stoffe durch die Kräfte der Moleküle. Diese Moleküle gehen keine chemische Verbindung ein. So haftet z. B. eine Beschichtung auf einer Betonfläche aufgrund einer Adhäsion.

Adhäsiver Bruch

ist der Bruch zwischen zwei aneinander haftenden Körpern durch Einwirkung einer äußeren Kraft. So kann z. B. mit einem Haftzuggerät festgestellt werden, bei welcher Zugkraft, bezogen auf die Fläche (N/mm²), sich eine auf den Beton aufgebrachte Beschichtung löst.

Aggressives Wasser

Bei der Herstellung von hydraulisch abbindenden Mörteln und mineralischen Injektionsstoffen darf kein aggressives Wasser verwendet werden (z. B. Anmachwasser mit Humus), da in diesem Wasser Säuren enthalten sind. Der Hydratationsprozess des Zementes wird dadurch negativ beeinflusst. Es sollte Wasser mit Trinkwasserqualität verwendet werden.
↳ Anmachwasser

Airlessgerät

ist ein Gerät, das mit einer Pumpe den zum Versprühen einer Flüssigkeit erforderlichen Druck erzeugt. Airlessgeräte werden häufig beim Aufsprühen von Polymethanen, Epoxidharzen, Farben oder Emulsionen verwendet, um auf wirtschaftliche Weise Flächenbeschichtungen herzustellen.

Aktivator

ist ein Mittel, das bei einigen mehrkomponentigen Materialien die Reaktion in Gang setzt.
↳ Polymerisation

Alkali-Kieselsäure-Reaktion (AKR)

Darunter versteht man eine chemische Reaktion zwischen reaktiven kieselsäurehaltigen Bestandteilen der Gesteinskörnung und Alkalimetallhydroxiden der Porenlösung des erhärteten Betons. Mit fortschreitender Hydratation des Zementes kommt es zu Reaktionen der in der Porenlösung befindlichen Alkalimetall- und OH-Ionen. Es entsteht quellfähiges Alkalimetallsilicatgel. Das Erscheinungsbild ist oft: netzartige, verzweigte Risse auf der Betonoberfläche, Abplatzungen und aus der Oberfläche austretende, klare bis getrübte Geltropfen.

Alkalität

ist ein Medium, welches einen pH-Wert größer als 7 (neutral) und maximal 14 hat, basisch oder alkalisch ist. Da Zement im Beton nach der Hydratation Calciumhydroxid enthält (Verbindung des metallischen Calciums mit OH-Gruppen), ist Beton alkalisch und liegt im pH-Wertbereich von ca. 10 bis 13.

Alkalitreiben

♺ Alkali-Kieselsäure-Reaktion

Allgemeines bauaufsichtliches Prüfzeugnis (abP)

ist ein Verwendbarkeitsnachweis für nicht geregelte Bauprodukte. Die Beurteilung erfolgt nach allgemein anerkannten Prüfverfahren. Die Erteilung der abP erfolgt ausschließlich durch das DIBt und durch deren, von den obersten Bauaufsichtsbehörden der Länder anerkannten, Prüfstellen. Aus der Bauregelliste A Teil 1 – 3 ergibt sich im Einzelnen, für welche Produkte ein abP erteilt werden kann.

Allgemeine bauaufsichtliche Zulassung (abZ)

ist eine vom Deutschen Institut für Bautechnik (DIBt) erteilte Zulassung. Diese Zulassung begründet die Verwendbarkeit des Produktes/Gegenstandes gemäß der Landesbauordnung. Die zugelassenen Bauprodukte sind nicht durch deutsche Normen geregelt.

Altbausanierung

♺ Bauen im Bestand

Aluminiumpacker (Alu-Packer)

sind Injektionspacker, die aus den Hauptbestandteilen Aluminium und einer dehn- fähigen Gummimanschette (Spanngummi) bestehen.

DESOI Aluminiumpacker

Diese Injektionspacker werden entsprechend den Objektanforderungen eingesetzt und sind bis ca. 300 bar Injektionsdruck geeignet.

Anerkannte Regeln der Technik

sind technische Regeln für den Entwurf und die Ausführung baulicher Anlagen, diese sind in der technischen Wissenschaft als theoretisch richtig anerkannt und stehen fest. Insbesondere in dem Kreis der für die Anwendung der betreffenden Regeln maßgeblichen, nach dem neues- ten Erkenntnisstand vorgebildeten Technikern durchweg bekannt und aufgrund fortdauernder praktischer Erfahrungen als technisch geeignet, angemessen und notwendig anerkannt sind. Quelle: Diese Erklärung basiert auf dem Artikel „Anerkannte Regeln der Technik" aus der freien

Enzyklopädie Wikipedia und steht unter der GNU-Lizenz für freie Dokumentation. In der Wikipedia ist eine Liste der Autoren verfügbar.

Anmachwasser

Unter diesem Begriff versteht man das Zugabewasser, das dem Mörtel, Injektionsstoff oder Beton beigegeben werden muss, um die Hydratation des Zementes zu starten. Man unterscheidet zwischen dem verdunstbaren Wasser, was zunächst Kapillarwasser im Mörtel bildet, danach verdunstet und im Mörtel- oder Betongefüge ✎ Kapillarporen hinterlässt, dem verdampfbaren Wasser ✎ physikalisch gebundenes Wasser und dem chemisch gebundenen Wasser. Die Menge des Zugabewassers im Verhältnis zum Zement W/Z-Wert bestimmt zu einem wesentlichen Teil die Endfestigkeit und Beständigkeit des Injektionsstoffes oder Mörtels.

Anorganisch

Anorganische Stoffe sind chemische Verbindungen, die mit wenigen Ausnahmen keinen Kohlenstoff enthalten (Ausnahme z. B. CO und CO_2). Kunststoffe (z. B. Epoxidharz) sind demnach keine anorganischen, sondern organische Verbindungen, da es sich hier um Kohlenstoffverbindungen handelt. ✎ Organische Verbindungen

Anschluss für die Horizontalsperre (Druckinjektion)

Einsatz von Injektionspackern aus Metall oder Kunststoff für die Druckinjektion. Die von DESOI angebotene Niederdruck-Galerie (ND-Galerie) ermöglicht das gleichzeitige Injizieren von sieben Injektionspackern mit Druckkontrolle über Manometer.

DESOI ND-Galerie

Arbeitsanweisung

Für Verarbeitungsstoffe z. B. gemäß ZTV-ING muss eine genaue Arbeitsanweisung vorliegen und dem Verarbeiter bei Auslieferung der Materialien ausgehändigt werden. In der Arbeitsanweisung ist u. a. detailliert festgehalten, aus welchem Stoff die Materialien sind, welche Mischungsverhältnisse eingehalten werden müssen und wie lange die Verarbeitungszeiten bei bestimmten Temperaturen sind. Ferner sind Angaben über die Arbeitsweise mit den bauchemischen Stoffen enthalten.

Arbeitsschutzverordnung

Sie regelt in verschiedenen Geltungsbereichen die beim Umgang mit gefährlichen Gütern zutreffenden persönlichen Schutzmaßnahmen und u. a. die Ausstattung von Arbeitsräumen im Sinne der Arbeitssicherheit.

Armierung

↳ Bewehrung

ATV

bedeutet „Allgemeine Technische Vertragsbedingungen für Bauleistungen" und ist Bestandteil der VOB Teil C. ↳ VOB

Aufstauendes Sickerwasser

Es handelt sich um Sickerwasser in wenig durchlässigen Böden, das am Abfließen gehindert wird, so dass zeitweilig ein hydrostatischer Wasserdruck auf das Abdichtungsmaterial einwirken kann.

Aufsteigende Feuchtigkeit

Kapillar nehmen Baustoffe immer dann Wasser auf, wenn diese direkt mit Feuchtigkeit in Berührung kommen, vornehmlich im Fassaden- und Sockelbereich sowie im nicht ausreichend abgedichteten Bereich (Untergeschosse/Keller).

Aufzeichnungseinheit Flow Control II

↳ Flow Control II

Ausblühungen

Ausblühungen am Beton kennt man hauptsächlich in zwei Arten: Die Salzausblühung und die Kalkausblühung. Ausblühungen zeigen sich als weißer Belag auf der Betonoberfläche. Bei der Salzausblühung werden durch Feuchtigkeit im Bauwerk wasserlösliche Salze, die im Beton vorhanden sind, gelöst und als Salzwasser an die Außenfläche transportiert. Das Wasser verdunstet und ein fast weißes Pulver bleibt an der Oberfläche des Betons zurück. Wenn im Beton zu viele ungebundene Salze vorhanden sind, kann es zu „Salzsprengungen", ähnlich den Frostsprengungen im Beton kommen. Bei der Kalkausblühung wird freier Kalk durch

Ausblühungen

Kohlensäure und Wasser in doppelt kohlensauren Kalk umgewandelt und tritt aus dem Gefüge des Betons aus. Die Kohlensäure entweicht und zurück bleibt erhärteter Kalkstein, der nicht mehr wasserlöslich ist.

Ausblühungen an einer Hauswand

Ausführungsplanung

Die Ausführungsplanung besteht je nach Art des Bauvorhabens aus Zeichnungen, Leistungsbeschreibungen usw. Der Auftragnehmer hat sich an diese Ausführungsplanung zu halten, sowohl kalkulatorisch als auch später bei der Ausführung.

Ausführungsprotokoll

Mit dem Ausführungsprotokoll, z. B. bei Injektionen, wird dokumentiert, dass die Injektionen so ausgeführt wurden, wie es der Hersteller des Produktes vorschreibt bzw. wie es Bauherr oder Planer ✎ Fachplaner vorgeben oder wie es eine Norm vorsieht. ✎ DAfStb

Ausgleichsfeuchte

Stoffspezifische Feuchte eines porösen Baustoffes, die mit der Luftfeuchte der Umgebung im Ausgleich steht.

Austrocknungszeit

ist die Zeit, bis ein bauchemisches Produkt oder auch Beton soweit ausgetrocknet (abgebunden) ist, dass es/er das gebrauchsfertige Endstadium erreicht hat und seiner Bestimmung gerecht wird.

BAM

ist eine Bundesanstalt für Materialforschung und -prüfung. Die BAM betreibt Materialforschung und Materialprüfung mit dem Ziel, die Sicherheit in Technik und Chemie weiterzuentwickeln.

B-I (Beton)

Unter dieser Bezeichnung versteht man alle Betone, die eine Betongüte von ca. 5 N/mm² bis ca. 25 N/mm² haben. Alle Betone, die eine Festigkeit von > 25 N/mm² haben oder von denen eine besondere Eigenschaft verlangt wird, sind B-II Betone. Näheres hierzu regelt die alte ✑ DIN 1045 S. 139

B-II (Beton)

Unter dieser Bezeichnung versteht man alle Betone, die eine Betongüte von mehr als ca. 25 N/mm² haben oder einen Beton B-I mit besonderen Eigenschaften. Für Betone der Betongruppe B-II gelten besondere Herstellungs- und Verarbeitungsrichtlinien. So sagt die alte DIN 1045 aus, dass die Firma, die Beton dieser Betongruppe verarbeiten will, eine ständige Betonprüfstelle „E" hat und einen Fremdüberwachungsvertrag mit einer zugelassenen Fremdüberwachungsstelle „F" abgeschlossen haben muss. Näheres hierzu regelt die alte ✑ DIN 1045 S. 139

bar

ist die Maßeinheit für den Druck in Höhe von 100 Kilopascal. Das entspricht etwa dem atmosphärischen Druck auf der Erde in Meereshöhe. Unsere Atmosphäre hat theoretisch einen Luftdruck von einem bar oder 760 Torr, was der Kraft einer Quecksilbersäule von 760 mm Höhe, bzw. einer Wassersäule von 10,33 m entspricht. Um dies praktisch zu verdeutlichen: Um einer Wassersäule dieser Höhe und mit einer Grundfläche von einem Quadratmeter eine gleiche Kraft entgegenzusetzen, müsste man ca. 10,33 Mp oder 103,3 MN aufwenden, 1 bar = 0,1 MPa.

Basen

auch Laugen genannt. Die Oxide der Metalle können mit Wasser Hydroxide bilden, die in wässriger Lösung als Basen oder Laugen bezeichnet werden. Basen färben Lackmuspapier blau.

BASt

Die Bundesanstalt für Straßenwesen ist ein Forschungsinstitut im Geschäftsbereich des Bundesministeriums für Verkehr, Bau und Stadtentwicklung (BMVBS).

BASt-Liste

Die Bundesanstalt für Straßenwesen stellt Listen von geprüften Produkten und Institutionen zusammen für die Bereiche Brücken- und Ingenieurbau, Straßenausstattung, Straßenbau sowie Straßenbetrieb.

Bauaufsichtliches Prüfzeugnis

✎ Allgemein bauaufsichtliches Prüfzeugnis

Bauen im Bestand

In Deutschland waren im Jahr 2010 ca. 50 % der Gebäude und weiterer baulichen Infrastruktur sanierungsbedürftig. Die vorhandene Bausubstanz stellt einen enormen Wert dar, dieser ist zu schützen, zu erhalten und Instand zu setzen. Ob energetische Sanierung, Umnutzung oder Erweiterung – es geht um eine wesentliche Effizienzverbesserung bei der Gebäudenutzung.

Baufeuchte

Eingebrachte Wassermenge über Baustoffe bzw. Baukonstruktionen während der Herstellung und in der Bauzeit (z. B. Zugabewasser). Diese Feuchte kann während der Nutzung austreten.

Baugrundgutachten

werden benötigt, um vor Errichtung eines Objektes nachzuweisen, ob die Standsicherheit und Gebrauchstauglichkeit auf dem vorhandenen Baugrund gewährleistet ist, oder ob entsprechende Maßnahmen erforderlich sind wie z. B. zusätzliche Verdichtungs- oder Injektionsmaßnahmen. Die Ergebnisse werden in einem Bericht mit Profilen, Diagrammen, Lageplänen usw. zusammengefasst. Auch bei Injektionen im Baugrund sind derartige Gutachten im Bestand unablässig.

Baugrundgutachter

ist ein Fachingenieur mit z. B. einem Grundstudium als Geologe, der entsprechende Baugutachten erstellt. Baugrundgutachter können frei oder öffentlich bestellt und vereidigt sein (öbuv).

Baugrundinjektion

Bei der Baugrundinjektion wird Injektionsmaterial mit Hilfe von Rammlanzen oder Rammverpresslanzen in Hohlräume unter Bauteilen oder im Erdreich verpresst. Diese Anwendung dient z. B. zur Baugrundverfestigung, Verfestigung von Lockergesteinen und zur Hebungsinjektion. Anwendungsbereiche für die Abdichtung im Baugrund mit Rammverpresslanzen sind u. a. Tunnel, Kanäle, Stützmauern, Sichtbetonfassaden, Tiefgaragen, Trinkwasserreservoirs, Brücken usw.

 DESOI Fachprospekt „Injektion mit Rammverpresslanzen", www.desoi.de

 www.desoi.de/anwendervideos

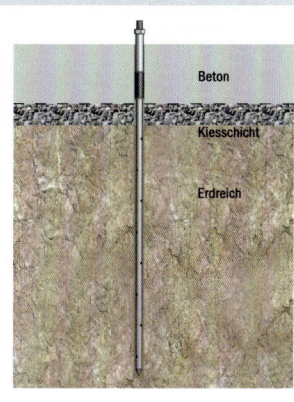

DESOI Rammverpresslanze

Bauregelliste (BRL)

Bauprodukte, die in Deutschland eingesetzt werden, müssen die Anforderungen der jeweiligen Landesbauordnungen erfüllen. Das deutsche Institut für Bautechnik ist das einzige Institut, welches als deutsche Zulassungsstelle für Bauprodukte und Bauarten akkreditiert ist. Entsprechende Listen werden in den Mitteilungen des DIBt veröffentlicht.

Baustellenfachpersonal

Mitarbeiter des ausführenden Unternehmens mit Erfahrungen auf dem Gebiet der Bauwerksinstandhaltung. Die Ausführenden sollten nachweisliche Qualifikationen wie den ♐ SIVV-Schein haben, damit sie entsprechende Fachkenntnis für eine qualitativ hochwertige Arbeit vorweisen. Der SIVV-Schein darf nicht älter als 3 Jahre sein.

Baustellenleiter

Er ist für die Planung der Arbeitsabläufe, die Ausführung und Dokumentation der Arbeiten verantwortlich. Meist ist der Baustellenleiter, oder auch Bauführer, ein Ingenieur oder auch Meister mit entsprechender Fachkenntnis, der oft über Zusatzqualifikationen verfügt.

Bauteiltemperatur

Die Temperatur des Bauteils beeinflusst den Erhärtungsverlauf und die Eigenschaften von bauchemischen Stoffen. Sie muss ständig kontrolliert und dokumentiert werden.

Bauwerksabdichtung

Bauwerksabdichtung

Die Bauwerksabdichtung ist ein komplexer Leistungsbereich zur Abdichtung gegen Feuchtigkeit zur Nutzung von Untergeschossen, Kellern, Tiefgeschossen sowie für Tunnel, Brücken und Parkdecks. Zusätzlich fallen auch Abdichtungen für Flachdächer, Terrassen und Balkonen sowie Innenabdichtungen z. B. für Auffangwannen usw. unter die Rubrik Bauwerksabdichtung.

Bauwerksdiagnostik

ist die Gesamtheit aller Maßnahmen, die an einem bestehenden Bauwerk zur Erfassung seines Zustandes, der Standsicherheit, zur Klärung der Schadensursachen und sich daraus ableitender Instandsetzungsplanung erforderlich sind. Die Bauwerksdiagnostik ist eine unbedingte Grundlage und Voraussetzung für die Planung und Ausführung.

BAW

heißt Bundesanstalt für Wasserbau und ist die zentrale technisch-wissenschaftliche Bundesoberbehörde zur Unterstützung des Bundesministeriums für Verkehr, Bau und Stadtentwicklung (BMVBS) und der Wasser- und Schifffahrtsverwaltung des Bundes mit Hauptsitz in Karlsruhe.

BBSR

Das Bundesinstitut für Bau-, Stadt- und Raumforschung ist eine Ressortforschungseinrichtung im Geschäftsbereich des ✎ BMVBS. Berät die Bundesregierung u. a. zum Wohnungs,- Immobilien- und Bauwesen.

Beanspruchungsklasse

ist die Festlegung der Art der Beaufschlagung des Bauwerkes/Bauteils mit Feuchte oder Wasser von außen.

Bemessungswasserstand

Der höchste planmäßige Wasserstand, d. h. höchster innerhalb der planmäßigen Nutzungsdauer zu erwartender Grundwasser-, Schichtenwasser- oder Hochwasserstand unter Berücksichtigung langjähriger Beobachtungen und zu erwartender zukünftiger Gegebenheiten. Hinweis: der höchste gemessene Grundwasserstand darf keinesfalls mit dem Bemessungswasserstand gleichgesetzt werden!

Bentonit

ist nach dem ursprünglichen Fundort Fort Benton in Montana/USA benannt und ist ein Tongestein, das meist aus vulkanischen Aschen durch chemische Umwandlung gewonnen wird. Bentonit wird zur Herstellung von feuerfesten Steinen oder als Dichtungsmittel im Grundbau (Tunnelbau) verwendet, da es ein sehr hohes Wasseraufnahmevermögen hat (ca. das 10-fache seines eigenen Volumens).

Beton

Baustoff, erzeugt durch Mischen von Zement, grober und feiner Gesteinskörnungen mit Wasser, mit oder ohne Zugabe von Zusatzmitteln und Zusatzstoffen. Er erhält seine Festigkeit durch die Hydratation des Zementes.

Betonabsprengung

Beton kann durch rostende Bewehrung (ph < 9,2), ⭢ Sulfattreiben oder aber auch durch gefrorenes Wasser im Betongefüge gesprengt werden. Erkennbar meist an Rissen an der Betonoberfläche oder beim Abklopfen des Betons.

Betondeckung

Abstand zwischen der Betonoberfläche und der Außenkante eines im Beton eingebetteten Bewehrungsstahles.

Betonersatz

Ersatz von fehlendem oder geschädigtem Beton in oberflächennahen Bereichen. Üblicherweise werden Stoffe oder Mörtel in der Betoninstandsetzung, die kein Beton nach ⭢ DIN 1045 S. 139 sind, als Betonersatz bezeichnet. Klassische Betonersatzsysteme sind z. B. ⭢ PCC-Mörtel und ⭢ PC-Mörtel

Betonfestigkeit

⭢ Druckfestigkeit

Betonkorrosion

Nachteilige Veränderung eines Betons durch chemische und physikalische Einwirkungen.

Betonnester

auch ✎ Kiesnester genannt. Sie entstehen meist durch unzureichende Verdichtung des Betons beim Einbau.

Betontechnologie

umfasst die Methodik, das Verfahren und die Wissenschaft, aus den verschiedenen Bestandteilen des Betons, wie Wasser, Zement, Zuschlägen, Zusatzmitteln und -stoffen einen hochqualitativen Werkstoff herzustellen.

Bewegungen des Bauwerkes

entstehen meist durch Belastungen (z. B. an Brücken) oder durch unzureichend standfeste Baugründe. Nicht selten entstehen hierdurch Risse am Bauwerk, die den Zerfall oder die Zerstörung des Bauwerkes fördern, wenn nicht entsprechende Maßnahmen (z. B. Injektionen, Bodenverbesserungen) vorgenommen werden.

Bewegungsfugen

sind Fugen mit einem Zwischenraum und einer definierten Fugenweite über die gesamte Bauteildicke. Diese Fuge lässt unterschiedliche Bauteilbewegungen infolge von Temperaturänderungen oder Setzungen der Bauteile oder Baukörper zu.

Bewehrung

nimmt in der Regel beim Stahlbeton die Zugspannungen auf, da der Beton selbst überwiegend nur Druckspannungen aufnehmen kann. Die Bewehrung muss ausreichende Betonüberdeckung haben, damit durch die naturbedingte ✎ Karbonatisierung nicht nach kürzester Zeit der Stahl im nicht alkalischen Bereich liegt und Luft und Wasser den Stahl korrodieren lassen.

Bewehrung für ein Rundbecken/Kläranlage

Bewehrungskorrosion

⤷ Korrosion

Bewehrungssuchgerät

ist ein Gerät, mit dem durch Erzeugung von Magnetfeldern die Lage, der Durchmesser und die Bewehrungsüberdeckung der Armierung festgestellt werden kann.

Bewertung von Rissen

Risse sind dann als Mangel oder Schaden zu betrachten, wenn ihr Einfluss die Tragfähigkeit gefährdet, die Gebrauchstauglichkeit einschränkt oder die Dauerhaftigkeit in Frage stellt. ⤷ Rissbreitenmesser

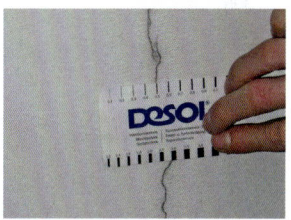

Bewertung von Rissen mit dem Rissbreitenmesser

Biegerisse

sind Risse, die z. B. bei Betonbalken in Gebäuden oder Brücken, bei einer Belastung von oben, an der Unterseite entstehen. Biegerisse beginnen am äußeren Rand der Zugzone, wo sie auch am größten sind und enden in der Nullzone (Druck- und Zugkräfte heben sich in der Nullzone gegenseitig auf).

Biegezugfestigkeit

Ein frei aufliegender Betonbalken, auf dem eine Druckkraft von oben wirkt, wird durchgebogen. Diese Durchbiegung erzeugt auf der Unterseite des Betonbalkens eine ⤷ Zugspannung. Diese Zugspannung, die durch diese Biegung hervorgerufen wird, nennt man Biegezugspannung; die Beständigkeit des Betons gegen diese Spannung Biegezugfestigkeit. Die Biegezugfestigkeit hat etwa 1/6 bis 1/8 der Druckfestigkeit eines Betons.

Blaine-Wert

drückt beim Zement die Mahlfeinheit (spezifische Oberfläche) des Zementes aus. Diese Mahlfeinheit wird durch Luftdurchlässigkeitsmessungen gem. DIN 1164 Teil 4 in cm²/g ermittelt. Der geringste „Blaine-Wert" darf im allgemeinen nicht < als 2200 cm²/g sein, (wichtige Angaben z. B. für mineralische Suspensionen).

BMVBS

Bundesministerium für Verkehr, Bau und Stadtentwicklung

Boden-Baugrunduntersuchung

dient zur Feststellung tatsächlicher Boden- und Grundwasserverhältnisse.

Bohrlochverfahren/Bohrkernentnahme

Mit einem Kernbohrgerät werden an verschiedenen Stellen der zu untersuchenden Flächen Bohrkerne in einem Durchmesser von meist 50 mm genommen. Im Labor wird dieser Zylinder horizontal in Scheiben geschnitten, gemahlen und auf seinen Chloridgehalt hin untersucht. Auf diese Weise kann man genau und sicher feststellen, wie tief z. B. ⮑ Chloride in welcher Konzentration in den Beton eingedrungen sind.

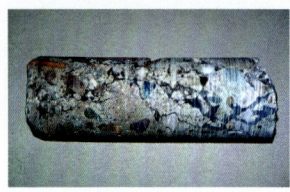

Bohrkern nach der Entnahme

Bohrlochverschluss

Bohrlochverschlüsse mit Kunststoffinnenrohren werden überwiegend im Berg- und Tunnelbau für Bohrlochabdichtungen oder Verfüllarbeiten eingesetzt. Durch die Bohrlochverschlüsse wird das umliegende Gestein (Hohlräume) zur Verfestigung mit Kunstharzen, Zementen usw. injiziert. Bei Bedarf können die Bohrlochverschlüsse aus Kunststoff problemlos ausgebohrt werden.

DESOI Bohrlochverschluss

Bohrpacker-Injektion

Injektion über Packer, auch Einfüllstutzen genannt, ist ein Injektionsverfahren, bei dem die Rissfüllstoffe unter Druck in den Baukörper eingebracht werden. Meist sind sie aus nicht rostendem Leichtmetall hergestellt. Bohrpacker werden i. d. R. wechstelseitig in einem Winkel von ca. 45 Grad zur Rissebene in einem Bohrkanal eingeführt und fest verspannt. Der Packerabstand ist dabei abhängig von der Bauteildicke (i. d. R. ½ Bauteildicke = Packerabstand).
↳ Injektion S. 43, ↳ Injektionspacker S. 44,
↳ Zeichnungen Bohrpacker S. 147,

Schema Einsatz Bohrpacker

Brandschaden

Bei Brandschäden kommt es häufig vor, dass Kunststoffe mit verbrennen (z. B. PVC). Hierdurch können Chlor- und Chlorwasserstoffgase sowie andere betonschädliche Gase frei werden und in den Beton eindringen, auch wenn dieser durch einen Putz geschützt ist. Untersuchungen am Beton z. B. über den Chloridgehalt sind daher für ein sicheres Bauwerk unerlässlich.

CE-Kennzeichnung

Das europäische Konformitätszeichen CE steht für „Conformité Européene", wie es als Bildzeichen auszusehen hat, regelt die Richtlinie 93/68 EWG des Rates vom 22. Juli 1993. Das Kennzeichen auf Produkten dokumentiert die Konformität mit einer europäischen Norm bzw. europäischen Richtlinie (ETAG). Die mit einem CE-Zeichen versehenen, in Verkehr gebrachten und gehandelten Bauprodukte dürfen innerhalb des europäischen Wirtschaftsraumes verwendet werden.

CEM

ist nach EN 197-1 und DIN 1164-1 die neue Bezeichnung für Zemente die in Zementklassen unterteilt sind, z. B. CEM I – Internationales Zeichen für Portlandzement.

Charge

ist bei der Herstellung von z. B. Werktrockenmörtel oder bei Injektionsstoffen die Gesamtheit einer einzigen Mischung bzw. die Beschickung der Mischtrommel (Herstellungseinheit/Produktionsansatz). Jede neue Mischung ist demnach eine neue Charge und wird mit einer einmaligen Chargennummer versehen, aus der häufig u. a. das Herstelldatum hervorgeht.

Chemische Wassereigenschaften

Darunter versteht man z. B. Sauerstoffgehalt, ph-Wert, Nährstoff- und Salzgehalt.

Chloride

sind chemische Verbindungen aus Metallen und Chlorwasserstoffsäure (z. B. NaCl = Kochsalz) und können in den Beton durch ⭭ Anmachwasser oder Zuschläge gelangen. In den abgebundenen Beton können durch PVC Brandgase oder Tausalz-Chloride eindringen. Chloride sind aggressiv und beschleunigen die elektrochemische ⭭ Korrosion. Jedoch benötigen Chloride eine feuchte Umgebung. Sie bewirken Lochfraß an der Bewehrung, ohne dass dieser äußerlich am Beton erkennbar sein muss. Im Stahlbeton gilt ein Chloridgehalt von weniger als 0,4 % bezogen auf den Zementgehalt als unbedenklich. Bei Spannbeton sollte der Wert von 0,2 % nicht überschritten werden.

CM-Verfahren

Ein weit verbreitetes, kostengünstiges Feuchtemessverfahren zur Bestimmung des Feuchtegehaltes von Baustoffen. Das Verfahren beruht auf der chemischen Reaktion des im Baustoff

CM-Verfahren

vorhandenen Wassers mit Calziumcarbid. Mit dem CM-Gerät kann die Restfeuchte im Beton nach folgender Vorgehensweise ermittelt werden: Eine frisch entnommene Betonprobe wird innerhalb kurzer Zeit zerkleinert. Die Probenmenge wird in eine Druckflasche gefüllt, eine Calciumcarbid - Ampulle und Stahlkugeln werden mit beigegeben. Die Flasche wird verschlossen und kräftig geschüttelt; die Stahlkugeln zerstören die Ampulle und das Calciumcarbid verbindet sich mit der Feuchtigkeit der Betonprobe und wird zu Acetylen (Gas). Der Druck, der hierdurch entsteht, wird nach ca. 5 min. am Manometer abgelesen. Die Ablesung, multipliziert mit 10, ergibt den Feuchtigkeitsgehalt in %. Das Verfahren ist im Anhang der ✋ ZTV-ING beschrieben.

DAfStb

Der Deutsche Ausschuss für Stahlbeton (DAfStb) ist ein seit über 100 Jahren national und international anerkanntes und angesehenes technisch-wissenschaftliches Fachgremium zur Förderung des Betonbaus als sichere, dauerhafte, wirtschaftliche und umweltfreundliche Bauart. Der DAfStb bildet die Plattform, auf der die wesentlichen Aktivitäten des Beton- und Stahlbetonbaus im Bereich der Forschung sowie der Regelgebung zusammenlaufen.
↳ DAfStB-Richtlinien S. 138

Dampfdiffusion

Wenn die Moleküle eines gasförmigen Stoffes in einen anderen Stoff eindringen, so bezeichnet man dies als Diffusion. Als Dampfdiffusion bezeichnet man die Diffusion von Wasserdampf. Dieser Austausch von Wasserdampf verläuft in Richtung des Temperaturgefälles, in der Regel im Bauwerk von innen nach außen.

Darr-Methode

Die genaueste Methode (Messverfahren) zum Ermitteln des absoluten Feuchtewertes von Materialien. Proben des zu untersuchenden Baustoffes (z. B. Beton, Erdreich) werden luftdicht verpackt ins Labor gebracht, dort gewogen und dann bei 105 °C bis zur Gewichtskonstanz getrocknet. Aus der Differenz des Gewichtes vor und nach dem Trocknen lässt sich der Feuchtegehalt rechnerisch ermitteln.

DB Netze Richtlinie 853

Eisenbahntunnel planen, bauen und instand halten. 5. Aktualisierung vom 08.02.2011. Diese Richtlinie gilt im Rahmen der Projekte der Deutschen Bahn u. a. für Planungsingenieure und Fachbeauftrage für Tunnel.

DBV

ist die Abkürzung für „Deutscher Beton- und Bautechnik-Verein e.V." mit Sitz in Berlin. Zweck des Vereins: Förderung und Weiterentwicklung wissenschaftlicher und technischer Grundlagen im Bereich Betonbau und Bautechnik.

Dehnfugensanierung mittels Injektion

Bei einem beschädigten und undichten Dehnteil kann die Dehnfuge mit einem „flexiblen" Füllstoff, z. B. feststoffreichem Acrylatgel oder gefülltem Polyurethanharz, verpresst und abgedichtet werden. ⬇ DESOI Fachprospekt „Abdichtung mit Injektionsverfahren", www.desoi.de

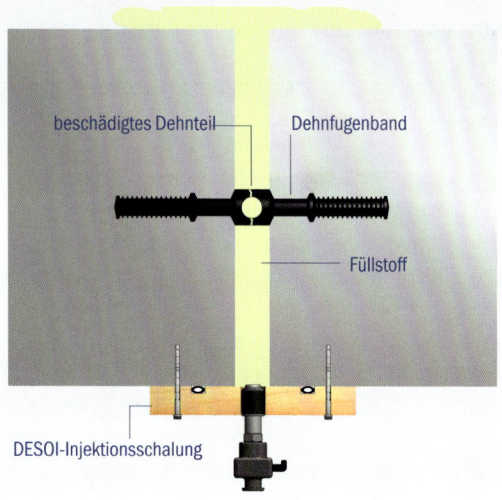

Vergelung der Fuge bei einem beschädigtem Bauteil (Quelle: R. Hohmann [33])

Dehnung

ist die relative Längenänderung eines auf Zug beanspruchten Körpers. Man unterscheidet zwischen der elastischen und der plastischen Dehnung, oder auch Verformung genannt. Plastische Verformung, elastische Verformung, Dehnungen oder Verformungen eines Körpers können auch durch Einflüsse von Temperaturen entstehen. ⬦ Temperaturdehnung

Dehnungsfugen

sind Fugen ⬦ Bewegungsfugen die zwangsläufig vorhanden sein müssen, damit beim Einwirken äußerer Kräfte oder Temperaturen der Festkörper, z. B. der Beton, genügend Raum hat, sich entsprechend auszudehnen. In Normen und technischen Vorschriften oder Richtlinien werden die notwendigen Dehnfugenbreiten genau vorgeschrieben. ⬦ Zeichnungen Dehnfugen S. 149

Deutsches Institut für Bautechnik (DIBt)

Das DIBt ist eine gemeinsame Einrichtung des Bundes und der Länder zur einheitlichen Erfüllung bautechnischer Aufgaben. Es ist die einzige deutsche Zulassungsstelle für Bauprodukte und Bauarten. Ziel: sicheres und innovatives Bauen fördern.

DHBV

Der Deutsche Holz- und Bautenschutzverband ist ein Zusammenschluss von qualifizierten Fachfirmen und Bausachverständigen. Schwerpunkte sind die Bauwerkssanierung, Abdichtung und Trocknung von Gebäuden.

Diamantwerkzeuge (diamantbestückte Werkzeuge)

sind Werkzeuge zum Schneiden oder Bohren. Die Diamantschneiden sind eingelötet oder eingeklemmt und für Leicht-, Bunt-, Edelmetalle, Kunststoffe, Beton und Mauerwerk mit hoher Schnittgeschwindigkeit geeignet. Vorteile sind die hohe Wirtschaftlichkeit, Standzeit sowie die Bohrfeinheit (Genauigkeit). Die Benutzung dieser Werkzeuge bietet sich besonders bei schlagempfindlichen Bauwerken an.

DIBt Mitteilungen

In diesen Dokumentationen wird die Bauregelliste A, B und C für Bauprodukte aufgelistet und bekanntgemacht. Bezugsquelle: Ernst u. Sohn, ✎ www.dibt.de

Dichte (Massedichte)

ist das Gewicht oder die Masse eines Körpers bezogen auf das Volumen eines Stoffes, ohne die darin eingeschlossenen Poren (porenfreies Volumen). Anschaulich beschreibt die Dichte, ob ein Körper schwer wie ein Stein oder leicht wie eine Feder ist.

DIN

Ursprünglich bedeutete dieses Zeichen „Deutsche Industrie Norm". Heute: „Deutsches Institut für Normung e.V." In diesem Institut werden unter Mitwirkung von Wirtschaft, Wissenschaft und Behörden Normen und Richtlinien für die Herstellung und Verarbeitung von Wirtschaftsgütern jeglicher Art erarbeitet. Hierfür bringen 26.000 Expertinnen und Experten ihr Fachwissen in die Normungsarbeit ein. Die DIN-Normen werden schrittweise an die EN (Euronormen) angepasst.

Dispersion

Der Begriff kommt aus dem Lateinischen dispersio = Zerteilung. Man versteht darunter ein aus mindestens zwei Phasen bestehendem System. In der Praxis wird damit die Feinstverteilung von bauchemischen Stoffen in einer Mischung bezeichnet.

Dissolverscheibe

Es handelt sich um einen Scheibenrührer mit Scherkräften, um mit vorgegebenen Drehzahlen und Mischzeiten (produktabhängig) feinstteilige Feststoffe aufzubrechen und in Flüssigkeiten einzuarbeiten, z. B. ⮂ Zementsuspensionen.

Doppel-Blähpacker

werden hauptsächlich für Injektionen mit Manschettenrohren eingesetzt. Die Injektionen dienen der Verbesserung der mechanischen Eigenschaften, zur Abdichtung oder zur Verfestigung von Boden, Fels, Bauteilen usw. Da sich der Blähschlauch des Doppel-Blähpackers an die Unregelmäßigkeiten des Bohrloches oder an das Manschettenrohr anpasst, gewährleistet er stets eine gute Abdichtung, die durch den Blähdruck reguliert werden kann. Bei Doppel-Blähpackern ist nach dem Verspannen sichergestellt, dass das Injektionsgut nur seitlich austreten kann, da eine Abdichtung nach oben und nach unten durch die Blähschläuche erfolgt. Dies ermöglicht eine exakte Platzierung des Injektionsgutes. ⬇ DESOI Fachprospekt „Injektionssysteme", www.desoi.de

DESOI Doppel-Blähpacker

Doppelnippel

ist ein Verbindungsstück mit zwei Außengewinden. Doppelnippel, die nicht auf beiden Seiten dieselbe Dimension, denselben Gewindedurchmesser aufweisen, werden als Reduziernippel bezeichnet.

Dosierung

ist z. B. bei zweikomponentigen Reaktionsharzen die Zuordnung der Komponenten A und B zueinander. Diese Dosierung wird im Mischungsverhältnis meist in Gewichtsteilen ausgedrückt. Soll die Dosierung in Volumenteilen erfolgen, muss das Mischungsverhältnis unter Berücksichtigung der meist verschiedenen spezifischen Gewichte der Komponenten A und B neu ermittelt werden.

Dreifachwand (Dreifachbauweise)

Es handelt sich um ein Wandbauteil, bestehend aus zwei miteinander verbundenen Fertigplatten, die durch Ortbeton ergänzt (verfüllt) werden. Die Bezeichnung der Dreifachwand ist in Deutschland regional sehr unterschiedlich: sie wird auch als Hohlwand, Mantelbetonwand oder Elementwand bezeichnet. Der Begriff: Elementwand wird in bauaufsichtlichen Zulassungen und in der WU-Richtlinie verwendet.

Drückendes Wasser

Es handelt sich um eine Lastfalldefinition der DIN 18195. Der Lastfall drückendes Wasser liegt vor, wenn auf ein Bauteil oder eine Abdichtung Stau,- Schichten- oder Oberflächenwasser mit Druck einwirkt. Es wird unterschieden zwischen von außen oder von innen drückendem Wasser.

Druckfestigkeit

Bei Werkstoffen (Bauprodukten) wird die Druckfestigkeit oft an Hand von Prüfwürfeln ermittelt. Vorgefertigte Bauteile z. B. aus Mauerwerk, Ziegel, Beton usw. werden auf der Grundlage von Prüfverfahren bestimmt, die in DIN Normen festgelegt sind. So betragen die aufnehmbaren Zugspannungen beim Stahlbeton lediglich ca. 2 – 4 % der aufnehmbaren Druckspannung.

Druckinjektion

Das Injektionsmittel wird mit Druck in einen Baukörper (z. B. Bohrloch) eingebracht. Dabei soll sich das Injektionsmittel im Baukörper möglichst radial ausbreiten, Risse und Poren füllen. Bei dem einzubringenden Druck muss immer auch der „Anlaufdruck" des Injektionsgerätes berücksichtigt werden.

Druckmesseinheit

ist eine Kontrollmöglichkeit an den Injektionsgeräten zur Druckregulierung sowie der Überwachung des Injektionsvorganges. Anwendung im Hoch- und Niederdruckbereich beim Einsatz von Injektionsharzen und mineralischen Injektionsmaterialien.

DESOI Alu-Druckmesseinheit

Durchdringung

ist der Bereich einer Abdichtungsschicht, in der z. B. Rohre, Kabel usw. durchgeführt (durchdrungen) werden.

Durchfeuchtungsgrad

bezeichnet das Verhältnis von Feuchtigkeitsgehalt zur maximalen Wasseraufnahme bei Baustoffen. Der Durchfeuchtungsgrad dient der Beurteilung feuchter Baustoffe und stellt eine wichtige Entscheidungshilfe für die Auswahl geeigneter Abdichtungs- bzw. Injektionsverfahren dar.

Edelstahlpacker

sind ✍ Injektionspacker aus
Edelstahl z. B. V2A. Diese
werden meist dann verwen-
det, wenn der Packer ohne Druckstück im Bauwerk verbleibt.

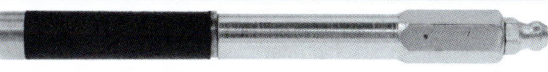

DESOI Edelstahlpacker

Eigenfeuchte

Feuchte eines porösen Baustoffes infolge kapillarer Aufnahme flüssigen Wassers bzw. infolge
Sorption von Wasserdampf unter Beachtung der Eigenfeuchte der Baustoffe.

Einfach-Blähpacker

werden in nahezu allen Bereichen der Bohrtechnik, im
Tunnelbau und Spezialtiefbau
für die Injektionen eingesetzt.
Diese Injektionen dienen im

DESOI Einfach-Blähpacker

Allgemeinen zur Verbesserung von bodenmechanischen Eigenschaften oder der Abdichtung.
Zudem werden Packer in der Bohrlochmesstechnik für Probeinjektionen, Wasserabpressver-
suche und zu geologischen Erkundungen im Bohrloch verwendet.
Der Vorteil der Blähpacker oder Einfachpacker liegt im großen Ausdehnungsbereich des
Blähschlauches. Je nach Packertyp beträgt die Ausdehnung bis zum 2-fachen des minimalen
Bohrlochdurchmessers. Daneben wird eine sehr gute Abdichtung des Bohrloches erreicht, da
sich der Blähschlauch optimal den Unregelmäßigkeiten der Bohrlochwand anpassen kann.
Über die gesamte Blähschlauchlänge wird so eine gleichmäßige Verspannung im Bohrloch
gewährleistet. 🔽 DESOI Fachprospekt „Packersysteme", www.desoi.de

Einfüllstutzen

✍ Injektionspacker

Einkomponentenanlage (1K-Anlage)

Unter dieser Bezeichnung versteht man ein Injektionsgerät zum Verpressen von Rissen. Bei
dieser Anlage werden die einzelnen Komponenten vorgemischt und in die Anlage eingefüllt.
Das Injektionsgut muss danach in einer bestimmten Zeit verarbeitet werden (Reaktionszeit
nach Angaben des Materialherstellers).

Einkomponentig (1K)

Darunter versteht man bauchemische Produkte, deren Erhärtung ohne Zugabe einer zweiten Komponente erfolgt. Einkomponentige Materialien erhärten z. B. durch Reaktion mit Sauerstoff oder Luftfeuchtigkeit.

Elastizitätsmodul (E-Modul)

Der Elastizitätsmodul (E-Modul) ist ein Materialkennwert aus der Baustoffkunde und Werkstofftechnik. Der E-Modul ist je nach Werkstoff verschieden und beschreibt den Zusammenhang zwischen Spannung und Dehnung bei der Verformung eines festen Körpers. Der E-Modul ist bei Stoffen groß, bei denen eine große Spannung nur eine kleine Dehnung erzeugt z. B. Stahl (steif). Dagegen ist der E-Modul bei leicht verformbaren Stoffen, wie z. B. Gummi, klein (weich). Je größer der E-Modul, desto geringer ist die Verformbarkeit des Materials.

Endoskop

dient zur nahezu zerstörungsfreien Untersuchung z. B. von Bohrkanälen, Hohlräumen usw. in Baukörpern. Die optische Abbildung erfolgt über ein lichtleitendes Glasbündel.

Energieeinsparverordnung (EnEV)

ist Teil des deutschen Baurechts. In dieser Verordnung werden dem Bauherren bautechnische Standardanforderungen zum effizienten Energieverbrauch für Wohngebäude, Bürogebäude und Betriebsgebäude oder Bauprojekte vorgeschrieben. Diese Verordnung gilt auch bei Neu- oder Umbauten. 🔻 DESOI Fachprospekt „Injektionssysteme - Ein Beitrag zur Energieeinsparverordnung (EnEV)", www.desoi.de

EP-I

ist gemäß ✇ ZTV-ING und ✇ DAfStb-Richtlinie die Bezeichnung für ein Injektionsverfahren zum Schließen und Abdichten von Rissen und Hohlräumen mit Epoxidharz.

Epoxidharze (EP)

Epoxidharz besteht aus Polymeren, die je nach Zugabe geeigneter Härter einen duroplastischen Kunststoff von hoher Festigkeit und chemischer Beständigkeit ergeben. Epoxidharze für die Injektion sind lösemittelfrei, niedrigviskos sowie druck- und zugfest. Die Auswahl geeigneter EP erfolgt nach Viskosität und Festigkeitsentwicklung. Eine Epoxidharzinjektion zum Füllen trockener Hohlräume ist nur für kleine Hohlraumvolumen zu empfehlen.

EP-T

ist gemäß ✥ ZTV-ING und ✥ DAfStb-Richtlinie die Bezeichnung für ein Injektionsverfahren, das für die Tränkung (✥ Pinselinjektion) von Rissen mit Epoxidharz verwendet wird.

Europäische Organisation für Technische Zulassungen (EOTA)

In der EOTA sind die von Mitgliedsstaaten nach der Bauproduktenrichtlinie bestimmten Zulassungsstellen zusammengeschlossen. Hauptaufgabe der EOTA ist die Erarbeitung von Leitlinien für die ✥ europäische technische Zulassung.

Europäische technische Zulassung (ETA) nach ETAG

Die europäische technische Zulassung ist ein Nachweis der Brauchbarkeit eines Bauproduktes im Sinne der wesentlichen Anforderungen der Bauproduktenrichtlinie. Die ETA beruht auf Prüfungen, Untersuchungen und einer technischen Beurteilung durch Zulassungsstellen, welche von den Mitgliedsstaaten der EU hierfür bestimmt worden sind.

Expositionsklasse

ist ein Begriff aus dem Betonbau. Betonbauteile müssen genügend widerstandsfähig gegenüber chemischen und physikalischen Einwirkungen aus der Umgebung und Nutzung sein. Die Anforderungen aus den verschiedenen Umweltbedingungen werden in Expositionsklassen eingeordnet, die auf den Beton, den Betonstahl und Einbauteile einwirken können.

Fachplaner/Sachkundiger Planer

ist meist ein Architekt, Ingenieur oder auch Meister, der den entsprechenden fachlichen Nachweis, z. B. in Form eines Diploms, erbringt oder Zusatzqualifikationen erworben hat. Der fachkundige Ingenieur erstellt unter Berücksichtigung der Ergebnisse von Voruntersuchungen sowie unter wirtschaftlichen, technischen und ggf. denkmalpflegerischen Gesichtspunkten ein Abdichtungskonzept oder Instandsetzungskonzept. Eine Liste zertifizierter sachkundiger Planer mit eingetragenen RAL-Gütezeichen unter www.guep.de ⭢ Voraussetzungen für den Injektionserfolg S. 152

Feinstzemente

sind hochfein gemahlene Zemente mit 95 M-%, mit Korngrößenanteilen kleiner als 16 µm (1 mm = 1000 µm). Diese Feinstzemente werden zum Verpressen von Rissen in Bauwerken, zur Abdichtung oder auch zur Bodenverbesserung verwendet. Je feinkörniger der Zement ist, desto besser kann man eine sichere und vollständige Injektion herstellen.

Flächeninjektion in Bauteile

Das Prinzip der Flächeninjektion besteht (je nach Baustoffbeschaffenheit und Porengefüge) darin, eine Abdichtungsebene im Bauteil zu erzeugen. Durch die Flächeninjektion können undichte Bauteile abgedichtet werden. Konstruktionsteilen kann nachträglich die Funktion der Abdichtung zugewiesen werden. Durch die Injektion geeigneter Materialien, wie niedrigviskosen Gelen oder Harzen, werden die für den Wassertransport verantwortlichen Transportwege im Bauteil abgedichtet Das Bauteil wird nicht komplett durchbohrt, sondern nur möglichst nahe bis an die Bauteilaußenkante. Raster und Bohrlochtiefe werden vom fachkundigen Planer ⭢ Fachplaner festgelegt. Injektionen des Baugrundes sind nach § 49 Wasserhaushaltsgesetz (WHG) zumindest anzeigepflichtig. Daher ist (ca. ein Monat) vor Beginn der Vergelungsarbeiten eine entsprechende Anzeige bei der zuständigen Unteren Wasserbehörde und beim Amt für Umweltschutz einzureichen. In besonderen Fällen der nachteiligen Auswirkungen auf das Grundwasser kann auch eine Erlaubnis nach § 10 WHG erforderlich sein. ⭢ DESOI-Injektionstechniken S. 144, ⭢ Zeichnungen Flächeninjektion S. 148

Schema Einsatz Bohrpacker

Flachkopfnippel

Flachkopfnippel

Bestandteil des Anschlusssystems zwischen ✎ Injektionspacker und ✎ Schiebekupplung, zum sicheren Einbringen
des Injektionsmaterials.

DESOI Flachkopfnippel mit Innengewinde

Fliesenpacker

Speziell angefertigte Injektionspacker aus Kunststoff oder
Metall. Die Einsatzgebiete sind das Hinter- oder Unterpressen
von Fliesen, Estrichen, Platten, Klinker bzw. das Verfüllen von
Hohlräumen und Rissen.

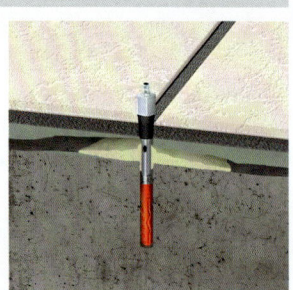

DESOI Stahl-Fliesenpacker

Flow Control II

Mit dem DESOI Flow Control II und der darauf abgestimmten
Technik können Injektions- und Dosierprozesse elektronisch
erfasst werden. Während des Verfahrens können die Daten
eingesehen und anschließend digital weiterverarbeitet
werden. DESOI Flow Control II übernimmt die permanente
Überwachung von Injektionsdruck, Mischungsverhältnis
und Verbrauchsmengen. Im Falle von Abweichungen oder
beim Erreichen eingestellter Druckgrenzen bzw. Verbrauchsmengen, ertönt ein Signal und das Injektionsgerät kann
abgeschaltet werden. Mit Hilfe der Auswertungen ist der
Injektionsverlauf je Packer nachvollziehbar. Dem Auftraggeber
kann eine aussagekräftige Dokumentation über den Verlauf
der ausgeführten Arbeiten vorgelegt werden. 📥 DESOI Fachprospekt „Flow Control II",
www.desoi.de

DESOI Flow Control II

Fugen

sind die Zwischenräume (Spalt) zwischen zwei Bauteilen oder Materialien. Dieser Zwischenraum dient zum Längenausgleich für die Dehnungen des Bauteilkörpers durch Schwinden, Quellen oder Temperatureinflüssen. Die Abstände der Fugen müssen entsprechend der Bauteilgröße und -dicke bemessen sein. Für die Bemessung und Abstände der Fugen gibt es entsprechende Richtlinien und Vorschriften, unter anderem Normen für Fugen im Hochbau ⭢ ZTV-ING.

Fugenband

Fugen an Bauwerken müssen gegen das Eindringen von Wasser abgedichtet werden. Ein Bauteil wird durch Bewegungsfugen unterbrochen. Das fachgerecht eingebaute Fugenband übernimmt die Abdichtung von Arbeits- und Bewegungsfugen. Es handelt sich um vorkonfektionierte Fugenbänder verschiedener Dimensionierungen.

Fugenbleche

werden überwiegend zur Abdichtung in Arbeitsfugen mit durchlaufender Bewehrung eingesetzt. Die Abdichtung erfolgt durch „satte" Einbettung der Fugenblechschenkel in den Beton. Die Vorteile des Stahlblechs gegenüber Fugenbändern sind vor allem seine größere Steifigkeit und die einfache Befestigung.

Füllart

Verfahren bei der Riss- und Hohlraumverfüllung. Es wird unterschieden nach Injektion und Tränkung.

Füllgut (Füllstoffe)

Unter diesem Begriff versteht man meist das Material, welches zur Verfüllung von Rissen und Hohlräumen zur Verwendung kommt. Das heute gebräuchlichste Füllgut für die Rissinjektion sind ⭢ Epoxidharz, ⭢ Polyurethan sowie ⭢ Zementleim und ⭢ Zementsuspension. ⭢ Voraussetzungen für den Injektionserfolg S. 152

Gebäudetrennfugen

sind Fugen zwischen zwei selbständigen Gebäudeeinheiten wie z. B. bei Doppel- und Reihenhäusern mit besonderen Anforderungen an den Schall- und Brandschutz. Zu finden sind sie u. a. auch im Brückenbau (Widerlager).

Gebinde

ist eine aus einem Stück bestehende Verpackung. Ein Gebinde kann unterschiedliche Inhaltsgewichte haben. Üblich im bauchemischen Bereich ist eine Staffelung von 1 bis 30 kg Inhalt. Das Gebinde kann aus zwei zusammengehörigen Transportbehältern bestehen: z. B. Komponente A und Komponente B.

Gebindeverarbeitungszeit

ist die Zeit, die zur Verfügung steht, z. B. bei einem Reaktionsharzsystem, dieses Material zu verarbeiten. Die Gebindeverarbeitungszeit beginnt mit dem Anmischen des Materials. Die Gebindeverarbeitungszeit ist abhängig von der Gebindegröße und der Umgebungstemperatur. Je größer das Gebinde und je höher die Mischtemperatur, desto kürzer ist die Verarbeitungszeit. Die Gebindeverarbeitungszeit wird vom Hersteller auf der Verpackung und/oder in einem technischen Merkblatt aufgeführt.

Gefahrstoffe

im Sinne der Gefahrstoffverordnung sind gefährliche Stoffe nach § 3a des Chemikaliengesetzes z. B. Stoffe, die explosionsfähig sind und sonstige gefährliche chemische Arbeitsstoffe gemäß Richtlinie 98/24/EG.

Gefahrstoffverordnung (GefStoffV)

Verordnung zum Schutz vor Gefahrstoffen. Diese Verordnung gilt für das Inverkehrbringen von Stoffen, Zubereitungen und Erzeugnissen. Sie dient dem Schutz von Personen vor Gefährdungen sowie zum Schutz der Umwelt vor stoffbedingten Schädigungen. Nach dieser Verordnung sind gefährliche Stoffe, gleichgültig ob sie nur beim Transport oder bei der Verarbeitung gefährlich sein können, grundsätzlich auf dem Etikett kennzeichnungspflichtig. Die Kennzeichnungspflicht ist in verschiedene Klassen eingeteilt.

Geka-Kupplungen

sind Kupplungen (Übergangsstücke) zum schnellen und einfachen Verbinden von flexiblen Schlauchleitungen.

DESOI Geka-Kupplung

Gelschleierinjektion

✎ Schleierinjektion, DESOI Fachprospekt „Schleier- und Flächeninjektion", www.desoi.de

GFK

ist die Abkürzung für „Glasfaserverstärkte Kunststoffe". Bei diesen Kunststoffen werden ungesättigte Polyesterharze mit Glasfasern verstärkt, um die Biegesteifigkeit und Traglast von Bauteilen zu erhöhen. Man kann sie in „Lamellen- oder Tapetenform" einsetzen. Die Anzahl muss immer von einem Statiker vorgegeben werden.

Gipsmarken

werden auf vorhandenen Risse an einem Bauteil angebracht, um eine Veränderung des Risses zu ermitteln (Bewegung des Risses). Erfolgt nach dem Zeitpunkt des Setzens der Gipsmarke eine Rissöffnung oder eine Rissverschiebung, so lässt sich das an Hand der zerbrochenen Gipsmarke nachweisen. Meist werden die Gipsmarken mit dem Erstellungsdatum gekennzeichnet.

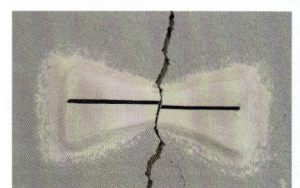

Gipsmarke

Glasübergangstemperatur

Die Eigenschaften eines Stoffes ändern sich im Verhältnis zur Temperaturveränderung. Die Glasübergangstemperatur kennzeichnet die Temperatur, bei der ein Übergang vom glasartigen, harten (spröden) in einen zäh- bis weichelastischen Zustand von Stoffen stattfindet.

Gleichgewichtsfeuchte

In jedem Baustoff stellt sich in Abhängigkeit von der relativen Luftfeuchtigkeit und Temperatur, die ein Bauteil umgibt, eine stoffspezifische Materialfeuchte, die Gleichgewichtsfeuchte, ein. Die DIN 4108 nennt den praktischen Feuchtegehalt einer Vielzahl von Baustoffen.

Grobporen

↳ Makroporen

Grundwasser

Landläufig wird Grundwasser als Wasser im Boden, in Erdschichten usw. bezeichnet. Treibende Kraft für Grundwasserströmungen sind die Gravitationskraft und die dadurch hervorgerufenen Druckkräfte sowie der unterschiedliche Aufbau der Boden- bzw. Erdschichten (DIN 4049)

GS-Zeichen

Das GS-Zeichen (Siegel) bescheinigt, dass ein Produkt den Anforderungen des Geräte- und Produktengesetzes (GPSG) entspricht. Dieses „Siegel" wird durch eine zugelassene Prüfstelle vergeben.

GÜB

Die Gemeinschaft für Überwachung im Bauwesen wurde 1970 mit dem Ziel gegründet, zur Gütesicherung von Betonbauwerken beizutragen. Im Jahr 2005 erfolgte eine Verschmelzung der GÜB mit der Gütegemeinschaft Erhalten von Bauwerken E. V. (GEB).

GUEP

Gütegemeinschaft Planung der Instandhaltung von Betonbauwerken e. V. ↳ Fachplaner

Haarrisse

sind nicht exakt definierte Risse. In der Praxis werden damit Risse beschrieben mit einer Rissbreite in der Oberfläche bis maximal 0,2 mm. Objektbezogen ist eine Bewertung vorzunehmen, ob derartige Risse einen Bauschaden darstellen, z. B. wenn es sich um Trennrisse bei Druckwasserbelastung handelt.

Rissbreitenmesser

Härter

Reaktionsharzkunststoffe härten durch chemische Reaktion aus. Es handelt sich um einen Zusatzstoff (Komponente), der/welcher die chemische Reaktion (Vernetzung) bewirkt.

Hochdruckinjektion

Bei der Injektion von Rissen z. B. in Bauteilen aus Beton, wird der Injektionsstoff unter Druck über Packer eingebracht. Im Hochdruckverfahren werden die Füllstoffe mit Drücken von ca. 10 bar bis mehreren Hundert bar Injektionsdruck injiziert. Für Injektionsverfahren gegen drückendes Wasser ist in der Regel ein hoher Injektionsdruck erforderlich.

Beachtet werden muss, daß dabei die Zugfestigkeit des Betons nicht überschritten werden darf, um Schäden in der Betonstruktur zu vermeiden. Hinweis: Die Zugfestigkeit des Betons beträgt ca. 4 % der Druckfestigkeit.

Hochdruckinjektionsgeräte

sind Kolben- oder Membranpumpen. Diese arbeiten nach dem Einkomponentenprinzip (↳ Einkomponentenanlage) oder dem Zweikomponentenprinzip (↳ Zweikomponenten-Injektionsgerät).

Hohlrauminjektion

Die Riss- und Hohlrauminjektion ist ein häufiger Anwendungsfall. Es geht um die Injektion (Abdichtung) begrenzter Hohlräume im Bauwerk. Je nach Größe der Hohlräume sind ein entsprechendes Injektionsgut und Injektionsverfahren zu wählen. ↳ ABI-Merkblatt

Horizontalabdichtung

✎ Horizontalsperre

Horizontalsperre (Druckinjektion)

ist ein Abdichtungssystem gegen kapillar aufsteigende
Feuchtigkeit. Es soll verhindert werden, dass Bodenfeuch-
tigkeit kapillar aufsteigt. Eine Horizontalsperre wird meist
zwischen Bodenplatte und aufgehendem Mauerwerk oder
auch zwischen Mauerwerk und Kellerdecke mittels einer Folie
oder Bitumendichtungsbahn bei Neubauten verlegt. Ältere
Bauwerke haben meist keine Horizontalsperre. Diese kann
nachträglich eingebracht werden. In Abhängigkeit vom Objekt
und Durchfeuchtungsgrad kommen verschiedene Verfahren
zur Anwendung. Als Grundlage für Sanierungsmaßnahmen
sind Voruntersuchungen unerlässlich (✎ WTA-Merkblatt).
Beim Injektionsverfahren (Druckinjektion) wird maschinell ein
Druck zur Verteilung des Injektionsstoffes erzeugt. Horizontal-
sperren müssen grundsätzlich über den gesamten Bauteilquerschnitt ausgeführt werden. ⬇ DESOI Fachprospekt
„Horizontalabdichtung", www.desoi.de

Anordnung Bohrpacker

Hydratation

ist die Reaktion eines Stoffes z. B. Zementes mit dem ✎ Anmachwasser. Daraus entsteht der
sogenannte Zementleim, eine flüssige bis plastische ✎ Suspension. Durch chemisch-physi-
kalische Reaktion erfolgt das sogenannte Ansteifen. Die Oberfläche des Zementes wächst im
Laufe des Hydratationsprozesses um das ca. 1000 fache. Diese als Hydratation bezeichnete
Reaktion beginnt an der Oberfläche der Zementteilchen und dringt bis zum Kern vor, solange
das für die Reaktion notwendige Wasser vorhanden ist. Aus dem Zementleim wird in der Phase
des Erstarrens und Erhärtens der Zementstein.

Hydrostatischer Druck

ist der Druck, der sich innerhalb einer ruhenden Flüssigkeit (Flüssigkeitssäule) einstellt, z. B.
auf einer abgedichteten Fläche.

Hygrometer

ist ein Messgerät zur Bestimmung der Luftfeuchtigkeit. Es wird die relative Luftfeuchte (Wasserdampfgehalt der Luft) in % gemessen.

Hygroskopisch

bedeutet Feuchtigkeit aufnehmend. Ein hygroskopischer Stoff, z. B. Beton, kann aus Gasen (Wasserdampf, Luft) Wasser in sein Gefüge aufnehmen.

G-H

Infrarot-Thermografie

Es handelt sich um ein technisches Verfahren zur Ermittlung von Oberflächentemperaturen bzw. zur Darstellung und Abbildung der Wärmestrahlung von Oberflächen. Die Temperaturinformationen und Temperaturdifferenzen werden in verschiedenen Farbspektren dargestellt. In der Bauwerk-Thermografie können mit dieser Technologie durch Fachexperten Untersuchungen vom Mauerwerk (z. B. Durchfeuchtungen), aber auch von Rissbildungen, Lage und Verlauf von Rohrleitungen und anderen Einbauteilen vorgenommen werden.

Ingenieurbau

Unter diesem Begriff versteht man insbesondere den Brücken-, Tunnel-, Kanal- und Hochbau. Kurz alle Bauwerke, die mit besonderer Statik und unter konstruktiven Gesichtspunkten dimensioniert, gebaut und erhalten werden.

Injektion

Mit diesem Begriff werden im Bauwesen Verfahren zum Füllen von Rissen und Hohlräumen bezeichnet. Dies erfolgt nach festgelegten Prinzipien, indem der Injektionsstoff unter Druck über Packer in ein Bauteil eingebracht wird. Umgangssprachlich auch als „Verpressen" bezeichnet.
✥ DESOI-Injektionstechniken S. 144

Injektionsdruck

ist der Förderdruck, mit dem der Rissfüllstoff zum Packer gefördert wird. Der Injektionsdruck ist abhängig vom Bauwerk, z. B. von der Betonfestigkeit, zu wählen. Der „Anlaufdruck" der Pumpe ist zu berücksichtigen.

Injektionsgeräte

Zum Einbringen des Injektionsstoffes in Bauteile werden Pumpen mit manuellem, elektrischem oder pneumatischem Antrieb verwendet. Injektionspumpen für die einkomponentige Injektion (✥ Einkomponentenanlage) bestehen aus Druckerzeuger, Materialvorratsbehälter oder Ansaugsystem, Druckschlauch mit Anschlusskupplung zum Packer. Vor der Injektion werden die Komponenten nach Herstellerangaben gemischt.

DESOI Injektionspumpe EC-01

Bei Zweikomponentengeräten (✥ Zweikomponenten-Injektionsgerät) werden die Einzelkomponenten des Injektionsstoffes getrennt gefördert und erst im

Mischkopf durch Gittermischer vermischt. 2K-Injektionsgeräte verfügen in der Regel über eine Zwangssteuerung mit separater Spülpumpe.

Zur Qualitätssicherung verfügen innovative Injektionsgeräte über Aufzeichnungs- und Dosiereinrichtungen, die die Mengenverhältnisse der Einzelkomponenten steuern. Weiterhin werden Messungen und Aufzeichnungen der eingebrachten Mengen des Injektionsstoffes je Packer oder Injektionsdruck usw. vorgenommen.

Injektionslanze

✏ Rammlanze/Rammverpresslanze

Injektionsmittel

✏ Injektionsstoff

Injektionspacker (Einfüllstutzen)

sind Übergangsstücke
zwischen Injektionsgerät und
Bauteil. Diese werden fest
im Bohrkanal des Bauteils
verspannt und auch als

DESOI Injektionspacker

Bohrpacker bezeichnet. Überwiegend kommen in der Praxis diese Packer zur Anwendung.

✏ Bohrpacker-Injektion, ✏ Voraussetzungen für den Injektionserfolg S. 152

Injektionsschlauchsystem

Seit Anfang der 80er Jahre werden Injektionsschlauch-systeme in der Praxis alternativ zu ✏ Fugenbändern und ✏ Fugenblechen eingesetzt. Oftmals auch als zusätzliche Abdichtung neben Fugenbändern und Fugenblechen. Es handelt sich um eine injizierbare Fugeneinlage in Schlauch-oder Kanalform. Nachträgliche Undichtigkeiten können durch injizieren von Polyurethanharz, Acrylatharz, Zementsuspension oder Zementleim gezielt abgedichtet werden. Das Injekti-onsschlauchsystem besteht aus dem Injektionsschlauch, Befestigungselementen, Injektionsverwahrungen (Verwahr-dosen) und Verpressenden. Dem Verwendbarkeitsnachweis (abP) ist die Eignung für entsprechende Nutzungsklassen zu entnehmen.

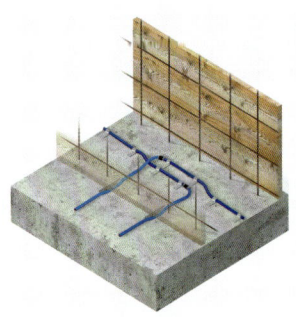

DESOI Injektionsschlauchsystem

📥 DESOI Fachprospekt „Injektionsschlauchsystem", www.desoi.de

Injektionsstoff/Rissfüllstoff (Füllgut)

sind Stoffgemische zum Füllen von Rissen und Hohlräumen. Überwiegend bestehen diese aus:

- **Epoxidharz (EP)**
  Komponente A: Harz
  Komponente B: Härter
- **Polyurethan (PUR)**
  Komponente A: Harz
  Komponente B: Härter
- **Zementleim (ZL)**
  Komponente A: Zement und Zusatzstoffe
  Komponente B: Zusatzmittel, demineralisiertes Wasser...
- **Zementsuspension (ZS)**
  Komponente A: Feinstzemente, Zusatzstoffe
  Komponente B: Zusatzmittel, demineralisiertes Wasser...

Weiterhin sind für Abdichtungsinjektionen Stoffe auf Basis von Acrylat, Polyurethanschaum (PUR-S), und Siliziumbasis geeignet. Ihr Einsatz ist entsprechend stoffspezifischer Besonderheiten anwendungsbezogen abzuwägen. (↳ ABI-Merkblatt 2. Auflage)

Anmerkung: Mit Polyurethanschaum kann keine dauerhafte Abdichtung erzielt werden, eine Nachinjektion mit Polyurethan ist erforderlich! ↳ Voraussetzungen für den Injektionserfolg S. 152

Injektionstechnik

ist die Technik zum Verpressen von Injektionsstoffen. Die erforderliche Geräteausstattung ist von der Art der Injektionsmaßnahme abhängig. Im Wesentlichen handelt es sich um Geräte zum:

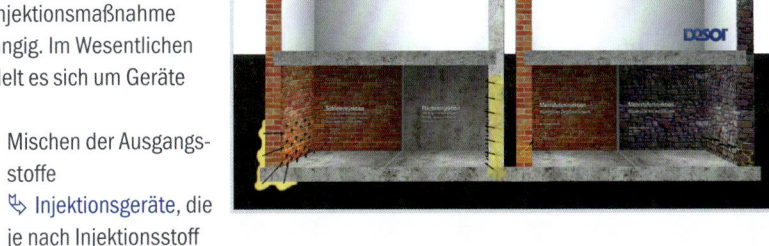

- Mischen der Ausgangsstoffe
- ↳ Injektionsgeräte, die je nach Injektionsstoff und Objektanforderungen ausgewählt werden
- ↳ Injektionspacker (Einfüllstutzen), ↳ Klebepacker
- Messen und Dokumentieren der Injektionsparameter (z. B. Einhaltung des vorgegebenen Mischungsverhältnisses, Menge, Druck usw. (↳ Flow Control II)

 www.desoi.de/anwendervideos

Injektionsverfahren

Es wird unterschieden zwischen Niederdruckverfahren bis ca. 10 bar Injektionsdruck und Hochdruckverfahren bis ca. 250 bar und teilweise darüber. Durch einen ✎ Fachplaner sind nach der Bauwerksdiagnose und Abdichtungskonzept objektspezifische Injektionsverfahren auszuwählen.

ISO

ist die Abkürzung für „International Organization for Standardization", eine internationale Vereinigung von Normungsorganisationen.

ISO 9000 ff. (auch DIN ISO)

ist eine Qualitätsmanagementnorm. Wenn ein Unternehmen eine Systemzertifizierung nach ISO-9000 hat, so bedeutet dies, dass ein dokumentiertes Qualitätssicherungssystem (Qualitätsmanagement) im Unternehmen vorhanden ist. Dies dient als Nachweis eines bestimmten Standards gegenüber Kunden und Partnern.

Isocyanate

Bei Polyurethanen und Epoxidharzen wird das Isocyanat als Härter eingesetzt. Es handelt sich um reaktionsstarke organische Verbindungen.

Joosten Verfahren

ist ein 2K-Injektionsverfahren. Patentiert 1926 durch den Namensgeber Dr.-Ing. Hugo Joosten in Nordhausen. Dieses Verfahren wird eingesetzt zur Verfestigung von Gebirgsschichten, aber auch in feinkörnigen Böden. Es wird beim Abteufen der Bohrung in Stufen eine Wasserglaslösung injiziert. Nach Abschluss der Bohrung wird durch eine Injektionslanze in gleichen Stufen eine Salzlösung eingepresst. Es entsteht ein Calciumsilicatgel.

Kalkulation

Es gibt verschiedene Arten von Baukalkulationen. Die häufigste Form bei kleineren Handwerksbetrieben ist die Kalkulation über Markt- und Erfahrungswerte, z. T. auch die Nutzung von Hilfsmitteln, wie DHBV-Leitfaden zur Kalkulation u. Ä.

Die Zuschlagskalkulation ist eine häufige Form der Preisgestaltung. Hierbei wird mit einem Firmenmittellohn gerechnet und mit Zuschlägen auf Material und/oder Lohnkosten. In diesen Zuschlägen (eine vorbestimmte Prozentzahl) sind in der Regel die Baustellengemeinkosten (wie z. B. Baustelleneinrichtung), Gerätekosten der Firma, Geschäftskosten Wagnis und Gewinn enthalten.

Die Umlagenkalkulation wird meist von größeren oder mittelständigen Firmen bevorzugt. Hier wird für jede Baustelle ein eigener Baustellenmittellohn ermittelt. Die Baustellengemeinkosten Wagnis und Gewinn werden für jede Baumaßnahme individuell festgelegt. Die Einzelkosten der Teilleistungen bestehen in der Regel aus Lohnanteil, Material, Gerätekosten, Betriebskosten und Nachunternehmerleistungen.

Die Nachkalkulation ermöglicht eine Überprüfung der bereits abgeschlossenen Aufträge und bildet eine Grundlage für weitere Kalkulationen (Angebotserarbeitungen).

Kapillare Wasseraufnahme

ist eine physikalische Erscheinung, die infolge der Oberflächenspannung des Wassers in den Kapillarporen, z. B. des Betongefüges oder Mauerwerkes, auftritt. Je feiner die Kapillarporen sind, desto stärker steigt das Wasser in den Poren auf – die kapillare Wasseraufnahme ist besonders intensiv. ⬑ Zeichnung S. 151

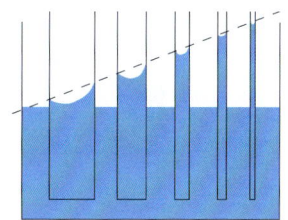

Kapillarwirkung

Kapillarporen

werden verursacht durch den weder chemisch noch physikalisch gebundenen Wasserüberschuss, der nach dem Erhärten des Betons verdunstet. Je höher der W/Z-Wert ist, desto größer ist beim abgebundenen Beton oder Mörtel der Kapillarporenanteil und desto größer ist die Gefahr der Schrumpf- oder Rissbildung. Betone und Mörtel mit hohem Kapillarporenanteil sind weniger beständig gegen Frost und Frost-Tausalzwechsel. In Kapillarporen kann Wasser entgegen der Schwerkraft aufsteigen und den Beton mit Wasser füllen. Das Wasser kann gefrieren und kann somit zu Eis- oder Frostsprengungen führen.

Karbonatisierung

ist die Umwandlung des alkalischen Calciumhydroxids in Calciumcarbonat (Kalkstein). Für diese Umwandlung werden Wasser und Kohlendioxid benötigt. Die Karbonatisierung findet am besten bei einer relativen Luftfeuchtigkeit von ca. 30 % bis 70 % statt. Bei 100 % relativer Luftfeuchtigkeit kann der Beton nicht karbonatisieren, da die Poren des Betons mit Wasser gefüllt sind und kein Kohlendioxid eindringen kann. Bei einer ♦ relativen Luftfeuchtigkeit von nahezu 0 % fehlt wiederum das Wasser. Auch in diesem Falle karbonatisiert der Beton nicht. Ein normaler Beton hat einen ♦ pH-Wert von ca. 12,5; ein carbonatisierter Beton unter 9.

Kartusche

Der Ausdruck Kartusche kommt aus dem Französischen (cartouche = Patrone, Behälter) und ist für den Einsatz im Bauwesen meist ein zylindrischer Behälter, in dem z. B. Silikon zum Abdichten enthalten ist. Verarbeitet wird der Inhalt der Kartusche mit einer mechanischen oder pneumatischen Kolbenpumpe.

Katalysator

ist ein Stoff, der chemische Reaktionen in Gang setzt oder beschleunigt, ohne sich chemisch zu verändern. Reaktionsharze benötigen im Allgemeinen keinen Katalysator.

Keilpacker

Keilpacker werden in Risse, meist ab 1 – 2 mm Breite, eingeschlagen, um dann den Riss mit Injektionsstoff zu injizieren
(verpressen). Dadurch entfällt das übliche Bohren für Bohrpacker. Sie bestehen aus Metall oder Kunststoff.

DESOI Keilpacker

Kelvin (K)

ist eine gesetzliche SI-Basiseinheit für Temperaturen. Die Skala der Anzeige ist identisch mit der Grad-Celsius-Einteilung. Jedoch ist der Skalen-Nullpunkt der absolute Nullpunkt, also bei ca. minus 273 °C. Bei Kelvin gibt es keine Minusgrade. Temperaturdifferenzen werden in Grad Kelvin angegeben. Daneben sind in Deutschland, Österreich und der Schweiz die Angaben in Grad Celsius weiterhin zulässig.

Kernbohrung

Mit der Kernbohrung wird mittels Kernbohrgerät ein Teil z. B. aus Beton oder Mauerwerk mit einem Durchmesser von 20 – 100 mm herausgebohrt. Die Form des Kernbohrgutes ist zylindrisch. An diesem Zylinder kann man z. B. die Druckfestigkeit, das Gefüge (Poren, Zuschlagsverteilung), die Karbonatisierung und den Chloridgehalt, aber auch den Grad des Füllens von Rissen feststellen. Die Kernbohrung zählt zu den zerstörenden Betonprüfungen.

Kiesnester

Unter diesem Ausdruck versteht man beim erhärteten Beton eine sehr grobe Struktur, an der Mehlkornanteil und die Zementschlämme nahezu völlig fehlen und nur die groben Zuschlagstoffe sichtbar sind. Kiesnester entstehen häufig durch schlechte Verdichtung des Betons oder durch gebrochenen Zuschlag, der ein „Zusammenrutschen" und Gleiten des Betons an der Schalhaut, aber auch im Kern verhindert. Kiesnester beeinflussen in starkem Maße die ⭲ Karbonatisierung des Betons, da Sauerstoff und Wasser tief in das Betongefüge eindringen können. Schon nach wenigen Wochen kann die Passivschicht des Stahles aufgehoben werden, der Stahl rostet.

Klebepacker

Der Packer wird mit einem Gemisch aus Polyurethanharz oder Epoxidharz und eventuell einem ⭲ Stellmittel über den Riss verklebt. Dabei ist zu beachten, dass die Öffnung des Packers direkt über dem Riss liegt und der Injektionskanal des Packers nicht verstopft wird. Klebepacker werden überwiegend an Bauwerken eingesetzt, die aus konstruktiven Gründen (z. B. Spannbeton) kein Bohren zulassen (i. d. R. Bauteildicke = Packerabstand). ⭲ Verdämmung

DESOI Universal-Klebepacker

Kolbenpumpe

Kolbenpumpen werden als Handhebel-, Fußhebel-, elektrisch oder pneumatisch angetriebene Injektionsgeräte angeboten. Es können hohe Drücke erreicht werden, die exakt eingestellt und über Manometer kontrolliert werden können.

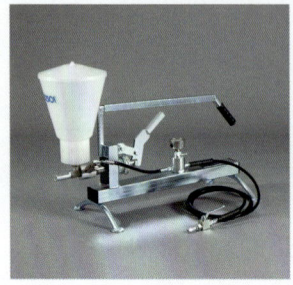

DESOI Handhebel-Kolbenpumpe HP-30LD

Kolloidmischer (Kolloidialmischer)

Zum Herstellen von homogenen, stabilen ✧ Zementsuspensionen (ZS-I) müssen die Zement-körner hochtourig aufgerührt und in Schwebe gehalten werden. Spezielle Rührwerke verfügen über Drehzahlen von ca. 3.000 bis 10.000 U/min. Nach Herstellerangaben sind Mischzeiten bis ca. 10 Minuten erforderlich.

Kompressor (Verdichter)

Dieses Gerät erzeugt einen Luftstrom mit einem bestimmten Druck, um z. B. eine Kolbenpum-pe zu betreiben. Beim Einsatz eines Kompressors sollte darauf geachtet werden, dass die erzeugte Luft öl- und wasserfrei ist und sich an dem Gerät entsprechende Filter befinden.

Kondensationstrockner (Luftentfeuchtungsverfahren)

ist ein Gerät, mit dem man feuchte Luft abkühlt und den ✧ Taupunkt herabsetzt. Das abtrop-fende Wasser in der Luft wird in einem Behälter gesammelt und die entfeuchtete Luft wird erwärmt und als trockene Luft abgegeben (Prinzip Bautrockner).

Konformitätsnachweis

ist eine Bestätigung (Brauchbarkeitsnachweis), dass ein Bauprodukt den harmonisierenden und anerkannten Normen sowie technischen Regeln des Bauproduktengesetzes entspricht. Die Konformitätskennzeichnung erfolgt durch das ✧ CE-Zeichen.

Konuspacker

Eine Entwicklung der DESOI GmbH. Konuspacker werden vorwiegend zur nachträglichen Abdichtung von Bauwerken eingesetzt, die z. B. aus Hochlochziegeln oder kerngedämmten Kammerziegeln errichtet wurden. Herkömmliche Injektionspacker mit einer Spannstelle können nicht ausreichend im Bauteil verspannt werden. Die dünnwandige Kunststoffhülse des Konuspacker ist mit dem Spanngummi montiert. Durch die sehr gute Gleiteigenschaft vom Kunststoff kann der Spanngummi nach dem Verspannen (Injektion), leicht aus dem Bauwerk entfernt werden.

DESOI Konuspacker ungespannt   Detail ungespannt   Detail gespannt

Korrosion

ist eine Reaktion eines festen Körpers (z. B. Bewehrungsstahl) durch chemischen oder elektrochemischen Angriff, der von der Oberfläche ausgeht. Die Korrosion ist am häufigsten als „Rosten" bekannt und kann bis zum völligem Versagen (Zerstören) führen.

Kraftschlüssige Injektion (kraftschlüssiges Verbinden)

Eine kraftschlüssige Verbindung des im Riss getrennten Bauteils wird in der Regel mit Epoxidharzen oder mineralischen Stoffen im Injektionsverfahren hergestellt. Dabei werden die Rissflanken z. B. des Betons durch den Injektionsstoff miteinander kraftschlüssig verbunden, zum Übertragen von Druck-, Zug- und Schubspannungen.

Krakelee

sind engmaschige Netzrisse, die meist durch Gefügespannungen zwischen Zuschlag und Bindemittel entstehen. Krakelee können auch häufig durch unzureichende Nachbehandlung der Mörtel- oder Betonoberfläche entstehen (dem Zement wird das Wasser zu früh entzogen).

Lamellenschlagpacker

ist ein Packer aus Kunststoff der mit einem Setzwerkzeug in das Bauteil eingeschlagen wird. Durch die Lamellen erfolgt die Abdichtung. Besondere Vorteile sind:

- Freier Durchgang für den Injektionsstoff z. B. mineralisches Material, Acrylatgel.
- Es muss kein Öffnungsdruck überwunden werden.
- Das Querschiebeventil verhindert ein Materialaustritt nach dem Injektionsvorgang.

DESOI Lamellenschlagpacker

Lamellenverklebung

Durch Aufkleben von Stahllamellen an der Unterseite, meist von Brücken, wird nachträglich die Tragfähigkeit von Stahlbeton- oder Spannbetonbauteilen erhöht. Bei richtiger Verklebung der Lamellen mit dem Baukörper nehmen Lamellen die gleichen Zugbelastungen des rollenden Verkehrs bei Brücken auf, wie der im Beton eingebettete Stahl.

Landesbauordnung (LBO)

ist ein wesentlicher Bestandteil des öffentlichen Baurechts des jeweiligen Bundeslandes in Deutschland. Die Kompetenz für das Bauordnungsrecht liegt laut Bundesverfassungsgericht bei den deutschen Bundesländern.

Lastfall

Der Begriff Lastfall kommt aus der Baustatik und gibt vor, was bei Standsicherheitsnachweisen zu berücksichtigen ist. Als Lastfälle kennt man u. a. Verkehrslast, Schneelast, Windlast, drückendes Wasser.

Latex

ist künstlicher Kautschuk und besteht aus dem Copolymer Butadien-Styrol, wobei der Anteil von Styrol bei ca. 25 % und von Butadien bei ca. 75 % liegt. Latex ist eine wässerige ⮑ Dispersion und wird durch ⮑ Polymerisation hergestellt. Latex wird hauptsächlich als Additiv für ⮑ PCC-Mörtel oder für die sogenannten Latexfarben verwendet.

Laugen

⮑ Basen

Leichtbeton

auch unter dem Kürzel LB bekannt – ist ein Beton, der ein spezifisches Gewicht von ca. 0,8 kg/dm³ bis 1,8 kg/dm³ hat. Leichtbeton wird häufig verwendet bei erhöhter Anforderung an die Wärmedämmung oder bei geringer Belastungsannahme für tragende Bauteile. Zuschlagstoffe sind z. B. Perlit, Blähton, Styropor, Blähschiefer, Hüttenbims oder Schaumlava. Leichtbetone sollten nicht mit handelsüblichen ⮑ PCC-Mörteln instand gesetzt werden, da die unterschiedlichen Spannungsverhältnisse den Verbund untereinander nachhaltig beeinflussen können.

Leistungsbeschreibung

ist eine Beschreibung, welche Hauptleistungen erbracht werden sollen, damit alle am Bau Beteiligten z. B. Bewerber für die Bearbeitung eines Objektes, ein Angebot erstellen können. Laut ⮑ VOB werden Leistungsbeschreibungen in der Regel mit detailliertem Leistungsverzeichnis angegeben.

Leistungsverzeichnis

ist der niedergeschriebene Wille eines Bauherrn, was er an Leistungen von dem Anbieter wünscht. Das LV sollte auf Basis einer Bauwerksuntersuchung sowie Ausführungskonzept- und planung erstellt werden. Leistungsverzeichnisse sollten klar und deutlich formuliert sein, so dass jeder Unternehmer, der ein Angebot abgeben will, einen eindeutigen und verbindlichen Preis kalkulieren kann. Das ausgepreiste Leistungsverzeichnis wird bei Auftragserteilung dann bindend, ebenso wie vorher schon die Preise des Angebotes. Nachträgliche Änderungen oder Wünsche werden meist in Nachträgen erfasst, unter Zugrundelegung der ursprünglichen ⮑ Kalkulation (Urkalkulation). Bei öffentlichen (staatlichen) Aufträgen wird fast immer ein ⮑ VOB-Vertrag geschlossen.

Lochfraßkorrosion

In chloridhaltigem Stahlbeton, bei dem die ⮑ Chloride vom Zementstein nicht mehr gebunden werden, tritt die Lochfraßkorrosion auf. Ursache dieser punktuellen, örtlich begrenzten Korrosion ist der hohe Chloridgehalt zuzüglich Wasser oder Feuchtigkeit im Beton. Bei zunehmendem Chloridgehalt im Beton geht die Lochfraßkorrosion in eine stark abtragende Flächenkorrosion über.

Lösungsmittel

Mit Lösungsmitteln oder auch Verdünnern kann man die ♻ Viskosität von Reaktionsharz-systemen herabsetzen. Jedoch beeinflussen sie Kunststoffe meist negativ. So kann z. B. bei dickerem Schichtenauftrag der ♻ Reaktionsharze das Lösungsmittel nicht entweichen und es kann zu Blasenbildungen im Kunstharz kommen. Auch beeinflussen sie meist die che-mische Beständigkeit der Reaktionsharze. Beim Verarbeiten kann es zu erhöhtem Absetzen (♻ Sedimentation) der festen Stoffe kommen. Lösungsmittel sind leichtflüchtige Flüssigkeiten, die Bestandteile bestimmter Harzsysteme sein können, so z. B. Alkohole, Kohlenwasserstoffe, Fluorkohlenwasserstoffe oder Chlorkohlenwasserstoffe. Sie können jedoch nicht das Kunst-stoffmolekül als solches verkleinern, so dass ein großes ♻ Molekül z. B. in eine kleinere Pore eindringen kann.

Lösungsmittelhaltige Epoxidharze

Diese Epoxidharzsysteme enthalten Lösungsmittel, der Festkörpergehalt ist daher geringer als bei den lösungsmittelfreien Epoxidharzen, und in der Regel reicht ein zweimaliger Anstrich nicht aus, um die vergleichbare Schichtdicke eines Anstrichsystems mit lösungsmittelfreien Epoxid-harzen zu erhalten. Zwischen den Anstrichen ist oft eine Wartezeit von einem Tag notwendig. In geschlossenen Räumen sind sie nur unter Einsatz entsprechender Be- und Entlüftungsgeräte einsetzbar.

Lufteinschlüsse

♻ Lunker

Lunker

sind kleine Hohlräume mit wenigen Millimetern Durchmesser (meist Lufteinschlüsse), die beim Einbringen des Betons in die Schalung entstehen. Meist sind diese Lunker an der Betonober-fläche mit einer dünnen Zementleimschicht überzogen und daher auf Anhieb nicht ersichtlich. Erst durch eine mechanische Bearbeitung der Betonoberfläche (z. B. Sandstrahlen) werden diese Lufteinschlüsse sichtbar.

Lunkerspachtelung

Mit dieser Art der Spachtelung kann man Lunker ebenflächig schließen, ohne die Oberflächen-struktur der Betonfläche maßgeblich zu verändern. Häufig eingesetzte Lunkerspachtel sind Dispersionsspachtel, Acrylharzspachtel oder PCC-Feinspachtel.

Mahlfeinheit des Zementes

auch ✎ „Blaine-Wert" genannt. Der Blaine-Wert sagt aus, wie fein der Zement gemahlen ist. Je feiner gemahlen, desto größer ist die Oberfläche des Zementes bei gleichem Volumen. Je größer die Mahlfeinheit des Zementes ist, desto größer und höher ist in der Regel die Festigkeitsentwicklung, der Wasseranspruch, die Schüttdichte, die Lagerungsempfindlichkeit und die Hydratationswärme. Je feiner ein Zement gemahlen ist, desto höherwertiger ist ein Zement. So hat z. B. ein frühhochfester Zement CEM I 52,5 einen Blaine-Wert von ca. 5.000 cm²/g.

Makroporen

oder auch Grobporen genannt, sind Poren z. B. im Beton mit einem Durchmesser > 0,020 mm. Durch Makroporen können feste Flüssigkeiten z. B. Wasser transportiert werden und den Betonkörper durchdringen.

Mangel

Ein Mangel liegt in der Regel vor, wenn das Werk nicht die vereinbarte Beschaffenheit aufweist. Der Auftraggeber (Bauherr) bedient sich oft Bauspezialisten, um nach juristischen und technischen Gesichtspunkten ein Werk (Leistung) abnehmen zu lassen. Es geht dabei nicht um die einzelnen Arbeitsschritte, sondern um den Erfolg, z. B. Abdichtung eines Bauwerkes gegen ✎ drückendes Wasser (Mängelansprüche nach BGB bzw. VOB/B vor und nach der Abnahme).

Manschettenrohrverfahren

Es handelt sich um das höhenversetzte Verpressen von Injektionsmitteln. Dabei wird über ein Rohr (überwiegend aus Kunststoff oder Stahl), mit Austrittsöffnungen in verschiedenen Höhen, das Injektionsmittel eingebracht. Das Verschließen des Rohres erfolgt über und unter dieser Öffnung mittels ✎ Doppel-Blähpacker, ✎ Nutringpacker.

Mauernutfräse

ist ein Spezialwerkzeug zum Herstellen von Fugen (Schlitzen), z. B. zum Einbau von DESOI-Spiralankern (✎ Spiralanker). Die Mauernutfräse wird auch als doppelschneidiges Werkzeug (verstellbar) angeboten.

Mauerwerk

ist ein aus natürlichen oder künstlichen Steinen errichtetes Gefüge mit oder ohne Mörtel (Trockenmauerwerk). Überwiegend werden Mauersteine mit mineralischem Mörtel verbunden.

Mauerwerksarten

- Trockenmauerwerk:
  aus Bruchsteinen ohne Verwendung von Mörtel
- Zyklopenmauerwerk:
  Verwendung wenig bearbeiteter Bruchsteine mit Mörtel
- Bruchsteinmauerwerk:
  wenig bearbeitete Bruchsteine mit Mörtel verfugt
- Hammergerechtes Schichtenmauerwerk:
  aus etwa rechtwinkligen Steinen mit Lager und Stoß-
  fugen
- Unregelmäßiges Schichtenmauerwerk:
  die Lagen haben unterschiedliche Höhen
- Regelmäßiges Schichtenmauerwerk:
  innerhalb einer Schicht darf die Höhe der Steine nicht
  wechseln
- Quadermauerwerk:
  maßgerechte Quader mit Stoßfugenüberdeckung

Mauerwerksart

Mauerwerksdiagnose

Darunter versteht man das Erfassen von Informationen zum Bauwerk (Historie) und der Ursachenforschung für bestehende Schäden und Erscheinungsbilder. Diese Mauerwerksdiagnose (Anamnese) kann zerstörungsfrei und zerstörend erfolgen. Besonderes Augenmerk ist auf die Stein-, Fugen- und Mörtelbeschaffenheit zu richten.

Mauerwerksinjektion gegen kapillar aufsteigende Feuchtigkeit

Es handelt sich um die nachträgliche Injektion gegen kapillar aufsteigende Feuchtigkeit (siehe WTA-Merkblatt: 4-4-04/D). Unbedingte Voraussetzung für eine erfolgreiche Mauerwerksinjektion sind umfangreiche Voruntersuchungen durch ⬉ Fachplaner. Im Ergebnis dieser Voruntersuchungen werden die geeigneten Injektionsverfahren ausgewählt. ⬉ Zeichnung S. 151

Mauerwerkssanierung

Gesamtheit der Arbeiten und Maßnahmen für eine dauerhafte Instandsetzung und Beseitigung von Mauerwerksschäden. Der Mauerwerkssanierung geht eine ausführliche Bestands- und Schadensaufnahme voraus.

Mechanische Belastung

Unter diesem Begriff versteht man eine Belastung durch indirekte oder direkte Angriffe auf den Beton mittels Berührung. So kann eine mechanische Belastung durch erzeugten Druck (Druckspannung) erfolgen oder aber auch durch Abrieb und Verschleiß. Neben der mechanischen Belastung hat die dynamische Belastung z. B. bei einer Brücke große Zerstörungswirkung, wenn nicht entsprechende Baustoffe eingesetzt werden.

Mechanische Reinigung

Es handelt sich um mechanische Verfahren, um z. B. Beton oder Mauerwerksoberflächen von losen und mürben Teilen zu reinigen. Die Reinigung kann von Hand mit Bürsten und Drahtbesen erfolgen oder durch maschinelle Reinigung mit Fräsen oder Topfscheiben. Die am häufigsten angewandten Reinigungsmethoden sind das Wasserstrahlen mit und ohne Zusatz.

Megapond (MP)

Ein Megapond entspricht 1000 Pond (Kilogramm). Die heute gültige Maßeinheit für Kraft ist das Newton (N), 1 kp = 9,80665 N.

Mehrstufeninjektion

Dieses Verfahren wird zur nachträglichen ⬎ Bauwerksabdichtung von Durchfeuchtungen bei verschiedenen Mauerwerksarten eingesetzt. Das Ziel der Mehrstufeninjektion ist es, eine Mauerwerksverfestigung und Stabilisierung im Injektionsbereich zu erreichen. Diese Methode kann in verschiedenen Kombinationen von mehreren Injektionsstoffen erfolgen. Im Mauerwerk muss die Stabilisierung immer vor der Abdichtung erfolgen, da das feinere Abdichtungsgut die Hohlräume zur Stabilisierung besetzen würde. ⬎ DESOI-Injektionstechniken S. 144

Die Bohrung muss mindestens eine Lagerfuge durchstoßen

M-N

Membranpumpe

ist eine Pumpe, die entweder mechanisch, hydraulisch oder pneumatisch betrieben wird. Durch Auswölbung der Membrane durch Sog wird der Förderraum in der Membrane mit Injektionsstoff gefüllt und durch Pumpen weiter befördert. Der Vorteil besteht darin, dass der Injektionsstoff vom Antrieb getrennt ist und definierte Drücke erzielt werden können.

DESOI Membranpumpe

MFPA

Zu den Aufgaben der Material-, Forschungs- und Prüfanstalten zählen die Forschung, Prüfung, Überwachung von Baustoffen und Bauteilen jeglicher Art. Dazu sind Zulassungen als anerkannte Prüf-, Überwachungs- und Zertifizierungsstellen durch das ✍ Deutsches Institut für Bautechnik (DIBt) erforderlich.

Mikroporen

oder auch Feinporen genannt, sind Poren die z. B. bei Beton mit einem Durchmesser < 0,020 mm. Durch diese Poren können keine flüssigen Stoffe ein- oder durchdringen. Ein Transport von flüssigen Stoffen durch das Gefüge ist somit ausgeschlossen. Für Wasserdampf sind diese Poren durchlässig, eine kapillare Wasseraufnahme ist nicht möglich.

Mikrorisse im Beton

Einen absolut rissfreien Beton herzustellen, ist bautechnisch sehr kompliziert und auch nicht erforderlich. Mikrorisse entstehen bereits bei unbelastetem Beton auf Grund des Verformungsverhaltens der einzelnen Komponenten, aus denen der Beton besteht. ✍ WU-Beton

Mineralisch

Als mineralisch bezeichnet man alle Stoffe, die aus einem chemisch und physikalisch einheitlichen Gebilde stammen, z. B. Baustoffe mit anorganischem Bindemittel (Zement, Kalk).

Mineralischer Mörtel

ist ein Mörtel, der ausschließlich aus mineralischen Zuschlägen (wie Kies, Sand etc.) hergestellt wird und als Bindemittel (meist überwiegend) ⮑ Zement enthält.

Mischungsverhältnis

ist das Verhältnis bei zweikomponentigen Injektionsstoffen, bei denen das Verhältnis der Komponenten in der Regel in Gewichtsteilen angegeben wird, z. B. 1 : 2 bedeutet ein Teil Härterkomponente zu zwei Teilen Stammkomponente.

Mischzeit

ist die vorgegebene Zeit, die meist in einer Eignungs- und Grundprüfung ermittelt wurde, um
z. B. kunststoffgebundene- oder zementgebundene Injektionsstoffe homogen zu mischen. Ziel
ist es, dass jedes Zuschlagskorn ganz mit dem Bindemittelleim umhüllt ist. Bei zweikomponentigen Reaktionsharzsystemen wird nach der vom Hersteller vorgegebenen Mischzeit das
optimale chemische und physikalische Verhalten der Injektionsstoffe bewirkt.

Modifizieren

Eine Modifikation ist eine durch Faktoren hervorgerufene Veränderung des Erscheinungsbildes.
So ist kunststoffmodifizierter Mörtel ein hydraulisch abbindender Mörtel, der jedoch durch
Zugabe von Kunststoffen modifiziert oder in seinen Eigenschaften abgeändert wird.

Molekül

Ein Molekül ist das kleinste abtrennbare Massenteil einer Verbindung, das noch die Merkmale
des betreffenden Stoffes hat. In Lösungen oder beim Verdampfen wird ein Stoff in diese Bauteile, die Moleküle, zerteilt. Moleküle sind wiederum festgefügte Verbindungen aus mehreren
Atomen.

Moniereisen

ist die alte Bezeichnung für Bewehrungsstahl bzw. Betonstahl in Stahlbetonteilen und ist
benannt nach dem Franzosen Monier, der 1867 das erste Patent für die Herstellung von Beton
in Verbindung mit Stahl erwarb.

Monolithische Betonbauweise

ist die Beschreibung für ein fugenlos errichtetes Bauwerk, aus anorganischem Material z. B. Beton, Naturstein, Natursteinplatten usw.

Monomere

bestehen aus einzelnen, voneinander getrennten, selbständigen Molekülen und sind ungesättigte, niedrigmolekulare Verbindungen. Sie dienen als Grundbausteine für Großmoleküle z. B. Polymere.

Moosgummi

ist ein Material, welches in seiner Struktur sehr elastisch ist und für Werkzeuge zum Auftragen von flüssigen/zähflüssigen Materialien verwendet wird (z. B. Moosgummischieber). Aber es ist auch als Profilmaterial und für elastische Lagerungen in der Industrie einsetzbar.

Moosgummi

Mümeter (µm)

Ein µm ist 1/1000 mm. So sind z. B. 50 µm gleich 0,050 mm, oder 1 µm ist 0,001 mm. Die Messungen im µm-Bereich werden in der Betoninstandsetzung vorwiegend bei Schichtdicken im Dünnbeschichtungs- oder Anstrichbereich vorgenommen.

Nachinjektion

Bei der Injektion/Verpressung von Rissen wird nicht nur der vorhandene Riss mit Injektionsstoff gefüllt, sondern auch Poren, evtl. Hohlräume usw. Der Injektionsstoff „fließt nach" und bei der Injektion wurde nicht der erforderliche Füllgrad (lt. ZTV-ING 80 % des Risses) erreicht. Zudem muss man einen gewissen Zeitrahmen einplanen um dem Wasser die Möglichkeit zu geben sich neue Wege zu suchen. Diese sind ebenfalls mit der Nachinjektion zu schließen. Die Nachinjektion erfolgt in der Regel über zusätzliche Bohrpacker. Die Nachinjektion stellt keinen Mangel dar. Der Bauherr sollte vorher darüber informiert werden, dass dieser Tatbestand in jeder Injektion „Richtline" erwähnt wird.

Nagelpacker

Der Nagelpacker wird bei der Verarbeitung mit Injektionsschläuchen eingesetzt. Hierzu wird er mit Nägeln an der Schalung befestigt oder auf den Nagelpackerhalter aufgesteckt und an der Bewehrung befestigt. Der Injektionsschlauch wird direkt in den Nagelpacker geschoben und durch das Vorziehen der Lasche befestigt.

DESOI Nagelpacker

Vorteile gegenüber herkömmliche Nagelpacker:
- keine 2-Ohr-Schlauchklemme mehr notwendig
- schnellere und benutzerfreundlichere Montage
- Platzbedarf bei der Montage sinkt

Die Injektion erfolgt, in dem man die Rückseite bzw. Injektionsseite des Packers freilegt, den Schutzstopfen entfernt und den HD-Kegelnippel in das dafür vorgesehene Gewinde schraubt.

Nagelpackerhalter

Für das nachträgliche Abdichten mit dem ✎ Injektionsschlauchsystem ist die Anwendung mit der Bewehrungshalterung für ✎ Nagelpacker eine optimale Ergänzung.

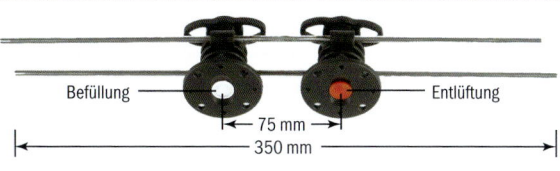

Befüllung — Entlüftung

|← 75 mm →|

|← 350 mm →|

Montierte Bewehrungshalterung

Die Lage des Nagelpackers kann durch die Fixierung mit der Bewehrungshalterung an der Bewehrung frei bestimmt werden.

Nassraum

ist auch die Bezeichnung für Nasszellen. Nassräume stellen eine erhöhte Anforderung an die Abdichtung.

Nassspritzverfahren

Ein Spritzbeton oder Mörtel kann nach zwei grundsätzlichen Verfahren verarbeitet werden. Eines davon ist das Nassspritzverfahren, bei dem das fertige Mörtel- oder Betongemisch mit einer Pumpe durch einen Förderschlauch zur Spritzdüse befördert wird. Dieses Verfahren wird bei der Betoninstandsetzung vorwiegend für einkomponentige ⅋ PCC-Mörtel angewendet, da diese Mörtelart meist eine so genannte Reifezeit von mehreren Minuten bis zur Verarbeitung benötigt.

Nicht bindiger Boden

auch als sogenannter"rolliger Boden" bezeichnet. Dieser Boden besteht überwiegend aus Kies und Sand. Es handelt sich meist um einen gut nutzbaren Baugrund. ⅋ Baugrundgutachten

Nicht drückendes Wasser

ist Wasser, das auf Flächen/Bauteilen keinen hydrostatischen Druck ausübt. Also meist Sickerwasser durch Regen und Oberflächenwasser, welches in den Baugrund eindringt. Eine ausreichende Sickerschicht (Kies) mit Drainage am Gebäude (z. B. Untergeschoss/Kellerwand) sichert diese Anwendung. Es wird keine Wassersäule aufgebaut, die aus dem Sickerwasser ⅋ drückendes Wasser machen würde.

Nicht stauendes Sickerwasser

ist der Lastfall nach WTA Definition, bei dem der Baugrund aus wenig durchlässigem Boden besteht. Das Sickerwasser kann über eine Drainage abgeleitet werden.

Nichttragende Wände

sind scheibenartige Bauteile, die überwiegend nur durch ihr Eigengewicht beansprucht werden und auch nicht der Knickaussteifung tragender Wände dienen. Sie müssen aber auf ihre Fläche wirkend Horizontalkräfte (z. B. Windlasten) auf tragende Bauteile abtragen.

Niederdruckinjektion

Zementleime und Zementsuspensionen sowie Silicon-Mikroemulsionen werden im Niederdruckverfahren (begrenzter Druck bis max. 10 bar) eingebracht. Dadurch sollen Entmischungen
verhindert und ein allmähliches Verteilen des Injektionsstoffes in Rissen, Hohlräumen usw.
erreicht werden.

Niedermolekular

Es handelt sich um eine chemische Verbindung mit niedrigem Molekulargewicht, bestehend
aus kleinen Molekülen.

Normreinheitsgrad

ist der Reinheitsgrad, bis auf den die Stahloberfläche/Bewehrung gereinigt werden muss, bevor eine weitere Behandlung mit korrosionsschützenden Stoffen erfolgt. Gemäß ZTV-ING muss
die Bewehrung nach, DIN 55 928 den Entrostungsgrad von Sa 2 ½ aufweisen, das bedeutet,
dass die Oberfläche frei von Zunder, Rost und Beschichtungen sein muss. Reste auf der
Stahloberfläche dürfen lediglich als leichte Schattierungen infolge Tönung von Poren sichtbar
bleiben. Weitere Reinheitsgrade sind: Sa 1 loser Zunder, loser Rost u. lose Beschichtung sind
entfernt. Sa 2 nahezu aller Rost, Zunder und Beschichtungen sind entfernt.

Nutringpacker

Der Nutringpacker wird zur Verpressung von Manschettenrohren mit verschiedenen Injektions-
medien eingesetzt. Es handelt sich um ein gelochtes Rohr mit einem Rückschlagventil am
Packerausgang. An der Außenseite befinden sich am Eingang und am Ausgang jeweils
Dichtungen. Der Packer wird dann im Manschettenrohr so positioniert, dass das Injektionsmaterial durch die Löcher und zwischen den Dichtungen an den Manschetten austreten kann.

DESOI Fachprospekt „Injektionssysteme", www.desoi.de

DESOI Nutringpacker

Nutzlast

früher auch als Verkehrslast bezeichnet. Das ist die Last, welche z. B. durch Personen, Maschinen, Fahrzeuge usw. auf ein Bauwerk/Bauteil wirkt.

Nutzungsdauer

ist die Zeitspanne, in der ein Gerät oder eine Technik wirtschaftlich eingesetzt werden kann.

Nutzungsklassen von Bauwerken

sind Festlegungen an die Beschaffenheit der Bauteiloberfläche, welche sich auf Grund der Anforderungen an das Raumklima ergeben:

* Nutzungsklasse A:
  Feuchtstellen auf der Bauteiloberfläche infolge Wasserdurchtrittes sind nicht zulässig
* Nutzungsklasse B:
  Es wird nur eine begrenzte Wasserundurchlässigkeit gefordert. Feuchtstellen dürfen im Bereich von Rissen und Fugen vorhanden sein.

Oberfläche

ist die Gesamtheit der Flächen, die einen Körper von außen begrenzen.

Oberflächenrisse

⬑ Rissarten

Oberflächenschutzsysteme

sollen Oberflächen vor äußeren mechanischen und chemischen Einflüssen schützen oder einer Oberfläche bestimmte Eigenschaften (Rutschsicherheit, elektrische Leitfähigkeit u. a.) verleihen. An Oberflächenschutzsysteme für Beton werden besondere Anforderungen gestellt. Diese Anforderungen sind in den Technischen Prüfvorschriften und Richtlinien für den Schutz und die Instandsetzung von Betonbauteilen des Deutschen Ausschusses für Stahlbeton dokumentiert.

Oberflächenzugfestigkeit

ist ein genormtes Prüfverfahren, welches z. B. an Betonflächen durchgeführt wird. Mit diesem Verfahren kann die Oberflächenzugfestigkeit (auf der Baustelle auch Abreißfestigkeit) von Betonschichten ermittelt werden (Zugvorrichtung nach DIN EN 10002).

Objektplanung

bezeichnet die Gesamtheit der Tätigkeiten zur Realisierung eines Objektes, von der Planung über die Bauausführung und Übergabe des Objektes. Die Objektplanung wird in der Regel durch Architekten oder Ingenieurbüros ausgeführt. Die einzelnen Leistungen werden in Leistungsphasen ausgeschrieben. Der Architekt nutzt für gewöhnlich das fachspezifische Wissen von ⬑ Fachplaner.

Offene Bauweise

In einem Bebauungsplan wird die Bebauung der einzelnen Baugrundstücke festgesetzt.

Organische Verbindungen

Darunter versteht man die natürlichen und synthetischen sowie chemischen Verbindungen des Kohlenstoffgrundgerüstes (Kohlenwasserstoffe) mit Ausnahme der Kohlenstoffoxide und -carbide. Organische Verbindungen mit Silizium anstelle von Kohlenstoff heißen siliziumorganische Verbindungen, dazu gehören z. B. die ⬑ Silikonharze.

Ortbeton

Ortbeton

wird direkt vor Ort, also an der Baustelle gemischt und eingebracht.

Oxidation

kann die Abspaltung von Wasserstoffen aus Verbindungen sein oder die chemische Verbindung von Sauerstoff mit anderen Elementen oder Verbindungen. Rost bildet sich z. B. durch Oxidation des Eisens. In der Chemie versteht man darunter die Reaktion eines Elementes oder einer solchen Verbindung mit Sauerstoff.

Packer

♻ Injektionspacker

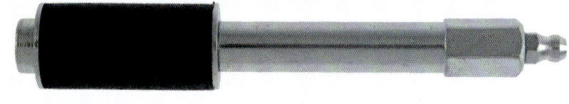

DESOI Stahlpacker

Pauschalpreisvertrag

Im Gegensatz zum Leistungsvertrag wird beim Pauschalpreisvertrag eine Pauschalsumme für die zu erbringende Bauleistung bei Vertragsabschluss vereinbart. Diese Vertragsart sollte nur dann abgeschlossen werden, wenn die Leistung inklusive der genauesten Ausführungsmengen feststeht. Im Pauschalpreisvertrag sind sämtliche Bau- und Nebenleistungen einbezogen.

PCC-Mörtel (Polymer Cement Concrete)

sind kunststoffmodifizierte, zementgebundene Mörtel, die überwiegend im Bereich der Instandsetzung vorhandener Bausubstanz eingesetzt werden, z. B. durch ein geeignetes Spritzverfahren.

PC-Mörtel (Polymer Concrete)

Eine Kunststoffart, bei der Kunststoff das ausschließliche Bindemittel ist.

O-P

Penetration

ist die Fähigkeit eines Stoffes, durch seine niedrige ♻ Viskosität in einen Festkörper einzudringen. Flüssigkeiten mit hoher Penetrationsfähigkeit (gutes Eindringvermögen) werden z. B. bei der Grundierung von Betonflächen verwendet und bilden daher einen sehr guten Verbund (Verzahnung) zwischen Beton und Beschichtung.

Perimeterdämmung

Vertikalabdichtungen am Bauwerk bedürfen geeigneter Schutzschichten, um zu verhindern, dass die eigentliche Abdichtung beim Verfüllen zerstört bzw. unbrauchbar wird. Als Perimeterdämmung wird eine Wärmedämmung aus z. B. Schaumstoffen oder Schaumglas bei erdberührten Flächen verwendet. Diese Dämmung muss wasser- und druckbeständig sein.

Phenole

Phenole

sind aromatische Verbindungen und finden sich häufig im Steinkohlenteer. Phenole werden zur Herstellung von Farben und Kunststoffen verwendet. Sie sind sehr giftig und keimtötend und haben einen durchdringenden Geruch. Phenole sind krebserregend und werden daher in letzter Zeit immer öfter durch physiologische unbedenklichere Stoffe ersetzt. ✎ Physiologische Unbedenklichkeit

Phenolphthalein (Indikatortest)

ist ein weißes, kristallines Pulver, welches in Alkohol gelöst als Indikatorflüssigkeit zur Bestimmung des ✎ pH-Wertes verwendet wird. Bei Aufsprühen auf ein alkalisches Medium, also bei einem pH-Wert von ca. 8,3 bis 10, verfärbt sich dieses violett bis rot. Phenolphthalein reagiert in saurer Lösung neutral, d. h., es tritt keine Verfärbung ein. (Folglich verfärbt sich z. B. ein karbonatisierter Beton nicht.)

pH-Wert

ist der negative Logarithmus der Wasserstoffionenkonzentration, also eine Maßzahl für die Menge Wasserstoffionen in einer Lösung. Die pH-Wertskala wird von 1 bis 14 unterteilt. Beim pH-Wert 7 liegen gleichviel Wasserstoffionen (H°) wie Hydroxylionen (OH‘) in einer Lösung vor, die Lösung reagiert neutral. Geringere pH-Werte als 7 kennzeichnen ein saures, höhere Werte ein alkalisches Milieu.

Physikalisch gebundenes Wasser

ist das Wasser im Beton oder Mörtel, das keinen flüssigen Charakter mehr hat. Es füllt die feinsten Poren, die sogenannten Gelporen. Dieses physikalisch gebundene Wasser kann nur bei künstlicher Trocknung (105 °C) dem Mörtel oder Beton entzogen werden. Der Zement bindet ca. 15 % des Zugabewassers physikalisch. Bei einem W/Z-Wert von 0,5 (50 kg Wasser zu 100 kg Zement) sind das ca. 15 kg Wasser. Das restliche Wasser wird chemisch gebunden oder verdunstet.

Physiologische Unbedenklichkeit

stammt von dem Wort Physiologie, der Wissenschaft von der Arbeitsweise und Leistung der Gewebe, Zellen und Organe des menschlichen Körpers, ab. Wenn es z. B. bei einem Verarbeitungsstoff heißt, er sei „physiologisch unbedenklich", so bedeutet dies, dass bei bestimmungsgemäßem Gebrauch keine Gesundheitsrisiken bestehen.

Pinselinjektion – Tränkung

Diese Art von Rissverfüllung wird meist für Risse im Beton angewandt, die < 0,2 mm sind und sich auf einer horizontalen Fläche befinden. Dabei wird mit einem Pinsel ein niedrigviskoses (♦ Viskosität) Injektionsharz auf den Riss aufgetragen. Das Harz penetriert (dringt) durch die Schwerkraft. Durch vorheriges Erwärmen der Fläche wird das Penetrationsvermögen des Risses noch verstärkt. Der Begriff wird eher umgangssprachlich verwendet, ist aber auch in Ausschreibungen zu finden.

Plastizität

Wenn an einem festen Körper an einer Stelle eine äußere Kraft einwirkt, so geben die unmittelbaren und auch benachbarten ♦ Moleküle des Körpers der Kraft nach und ändern ihre Lage, es entsteht eine Formänderung. Diese Formänderung bleibt auch dann erhalten, wenn die Kraft nachlässt bzw. verschwindet. Die Moleküle bewegen sich nicht mehr und verharren in diesem Zustand, der Körper ist deformiert (verformt).

Polyaddition

Bei einer Polyaddition (Stufenreaktion) werden zwei Reaktionskomponenten benötigt, die in bestimmten Mischungsverhältnissen vorhanden sein müssen (Komponente A und B). An jedes Molekül A addiert sich ein Molekül B. Aus diesem Grunde nennt man diese Reaktion eine Additionsreaktion. Unter die Kunststoffe, die mittels Polyaddition reagieren, fallen ♦ Epoxidharze und ♦ Polyurethane.

Aufgrund dieser chemischen Prozesse reagieren Epoxidharze und Polyurethane empfindlich gegen Mischfehler. Ein Umtopfen (Umfüllen in ein anderes Gebinde und vollständiges Entleeren) ist zwingend notwendig.

Polyamine

sind höhermolekulare, meist aromatische Verbindungen, die mehrere Aminogruppen enthalten. Sie dienen als Reaktionspartner (Härterkomponente) für Epoxidharze.

Polyaminoamide

werden bei zweikomponentigen ♦ Epoxidharzen als Härterkomponente verwendet. Aus diesen Polyaminoamiden stammen die Aminogruppen, die bei der Polyadditionsreaktion (♦ Polyaddition) mit einer Epoxidgruppe eines Epoxidharzes reagieren.

Polyester

Polyester

Man unterscheidet zwischen gesättigten und ungesättigten Polyestern. Gesättigte Polyester sind amorphe (formlose) oder teilkristalline ✋ Thermoplaste mit hoher Härte und Steifigkeit. Gesättigte Polyester werden für die Herstellung von Synthetikfasern (Kleidung), Folien oder als Lackharze (Polyesterharze) verwendet.

Polyethylen

ist auch unter der Abkürzung PE bekannt. Es wird durch ✋ Polymerisation von Ethylen hergestellt und ist ein thermoplastischer Kunststoff. ✋ Thermoplaste

Polymerbitumen

ist ein meist mit elastischen Polymeren (z. B. Butadien) modifizierter Bitumen. Er wird häufig als elastische Fugenvergussmasse auf Bitumenbasis verwendet.

Polymere

sind synthetische oder natürlich vorkommende Stoffe, die aufgrund der Verbindung einer großen Anzahl kleinerer ✋ Monomere ein hohes Molekulargewicht haben. Polymere, die aus unterschiedlichen Monomeren bestehen (z. B. Butadien-Styrol, Acrylat-Styrol), nennt man Copolymere. Polymere, die aus gleichen Verbindungen bestehen, nennt man Homopolymere. Polymere entstehen meist durch ✋ Polyaddition, Polykondensation oder durch ✋ Polymerisation von Monomeren.

Polymerisation

ist ein chemischer Zusammenschluss kleiner ✋ Moleküle (✋ Monomere) zu größeren Molekülen. Bei der Polymerisation (Kettenreaktion) benötigt man einen Starter, der die Kettenreaktion in die Wege leitet. Wenn einmal die Reaktion begonnen hat, verläuft die weitere Reaktion der Erhärtung selbständig ab. Eine gestoppte Kettenreaktion kann durch nachträgliche Wärmezufuhr nicht mehr gestartet werden. Unter die Kunststoffe, die mittels einer Kettenreaktion erhärten, fallen ungesättigte Polyesterharze (UP) und Acrylharze (AY). Man nennt diese Produkte auch Polymerisate.

Polymethacrylate (PMA)

Die Erhärtung von Polymethacrylaten (Acrylate) erfolgt durch ✋ Polymerisation (Kettenreaktion), die durch einen Aktivator (Beschleuniger) und einen Initiator (Starter) ausgelöst wird.

Polymethacrylate bestehen bei den flüssigen Reaktionsharzsystemen aus einer Komponente, einem Gemisch aus Polymethacrylaten und monomeren Methylmethacrylaten mit gelöstem Aktivator. Die zweite Komponente ist der Initiator. PMA werden häufig als Bindemittel für Anstriche und Beschichtungen verwendet.

Polyurethane (PUR)

können sowohl ein- als auch zweikomponentig Verwendung finden. Bei den zweikomponentigen Polyurethanen unterscheidet man zwischen der Stammkomponente Polyol als ↳ Polyester oder Polyether und der Härterkomponente, den Isocyanaten. Polyurethane sind je nach Vernetzungsgrad hart bis elastisch einstellbar. Bei geringer Vernetzung der Polyurethane haben wir es mit Elastomeren und bei starker Vernetzung mit Duromeren zu tun. Von besonderer technischer Bedeutung ist die Reaktionsfähigkeit von Isocyanaten mit Wassermolekülen, weil sie den Einsatz von einkomponentigen feuchtigkeitshärtenden PUR erlaubt. Das für die Reaktion benötigte Wasser entstammt der Luft. Es ist eine ungefähre relative Luftfeuchtigkeit von mehr als 30 % erforderlich. Polyurethane werden häufig für rissüberbrückende Beschichtungen oder elastische Rissverfüllungen verwendet.

Poren im Beton

sind kleine Hohlräume vom Millimeter- bis zum Nanometerbereich. Neben der Festigkeit ist die Porosität eines Betons ein hauptsächliches Qualitätskriterium.

Man unterscheidet im Wesentlichen zwischen:

* **Gelporen**
  ca. 0,1 – 10 nm; das physikalisch gebundene Anmachwasser ist in Gelporen gespeichert.
* **Kapillarporen**
  ca. 10 nm; für die Hydratation nicht benötigtes Wasser bleibt im Beton zurück und trocknet aus.
* **Schrumpfporen**
  ca. 10 nm; die Reaktionsprodukte der Hydratation haben ein kleineres Volumen als die Ausgangsstoffe, deshalb kommt es zu Schrumpfvorgängen.
* **Luftporen**
  ca. 1 mm bis 1 mm; durch den Mischvorgang gelangt Luft in das Zementgel, eine gezielte Beeinflussung erfolgt durch Luftporenbildner (Zusatzmittel zur Betonherstellung).
* **Verdichtungsporen**
  > 1 mm; entstehen durch unzureichende Verdichtung des Betons nach dem Einbau.

Porenbeton

Frühere Bezeichnung: Gasbeton. Porenbeton besteht aus feingemahlenem Sand, Zement, Kalk, Wasser. Es ist ein leichter, hochporöser, mineralischer Baustoff. Ein Dampfhärtungsprozess ist zur Festigkeitsentwicklung unbedingt erforderlich.

Porenwasser

ist das in flüssiger Form (kein Dampf) nicht gebundene Wasser in den Poren des Betons. Das Porenwasser bestimmt die Restfeuchte, die im Beton vorhanden ist und vor dem Aufbringen von Kunststoffbeschichtungen gemessen werden muss (mit dem CM-Gerät ✎ CM-Verfahren). Porenwasser kann im jungen als auch im bereits durchhärteten Beton vorhanden sein.

Porosität

Die Zunahme der Porosität des Betons ist eine der häufigsten Ursachen von Schäden am Stahlbeton. Da der Zement Wasser nur zu ca. 33 – 36 % (bezogen auf das Anmachwasser) physikalisch und chemisch binden kann, verdunstet das restliche Wasser und hinterlässt saugfähige ✎ Kapillarporen im Beton. In diese Poren des Betongefüges können Wasser und Schadstoffe der Luft eindringen und den Beton beschleunigt karbonatisieren. Bei zu großer Porosität ist der Beton wasserdurchlässig. Er kann daher anfällig für Frostschäden werden. Auch wird durch die Porosität des Betons seine Festigkeit erheblich negativ beeinflusst.

Portlandzement (CEM I)

ist ein Zement, der zu 100 % aus Portlandzementklinker hergestellt wird. Hochwertige Portlandzemente (z. B. PZ 45 F) werden meist für Betone im Spannbetonbau oder bei erforderlich kurzen Ausschalfristen bzw. für Betonierarbeiten im Winter verwendet. Bei der Betoninstandsetzung werden gerne Portlandzemente in Mörteln verwendet, da sie eine höhere Alkalitätsreserve als Hochofenzemente haben, und zwar nach der DIN 1164-1 CEM I.

Prepolymer

ist ein einkomponentiges ✎ Polyurethan, in dem ✎ Isocyanate (Polyisocyanate) enthalten sind, die die Eigenschaft haben, mit Wasser zu reagieren (bereits ab einer relativen Luftfeuchtigkeit von 30 %). Diese Kombinationen haben allerdings den Nachteil oder bergen die Gefahr in sich, dass es bei der Reaktion von Isocyanaten mit Wasser zu Schaum- und Blasenbildung (durch frei werdendes Kohlendioxid) kommen kann.

Primer

ist ein Haftvermittler, der besonders beim Verfüllen von Fugen mit Thiokolen, Silikonen oder Bitumen vorher auf den Beton aufgetragen wird, um eine ausreichende Verbindung zwischen Beton und Fugenfüllgut zu erreichen. Bei ungenügend geprimerten Fugenflanken kann das Füllgut bei Dehnungsbeanspruchung vom Beton abreißen.

Pumpensumpf

ist eine Vertiefung in oder unter einer Sohle, z. B. einer Baugrube, in die eine Pumpe gestellt wird, um das zulaufende Wasser abzupumpen.

Punktuelle Rostung

Bei der Chloridkorrosion am Bewehrungsstahl entsteht durch den lokalen unterschiedlichen Chloridgehalt im Beton, also durch die chloridreicheren und chloridärmeren Zonen, zunächst eine punktuelle Rostung, auch ↳ Lochfraßkorrosion genannt. Erst bei ansteigendem Chloridgehalt im Beton geht die punktuelle Rostung in eine flächige und stark abtragende ↳ Korrosion über.

Putzrisse

Diese Formen von Rissen werden in konstruktionsbedingte, putzgrundbedingte und putzbedingte Risse unterteilt. Ausführlich ist dabei die Prüfung des Untergrundes vorzunehmen.
↳ WTA Merkblatt 2-4-08/D, S. 140

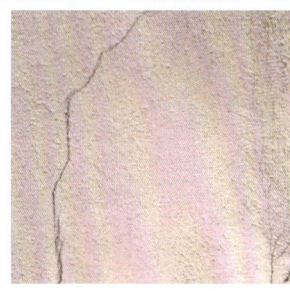

Putzrisse

Qualitätssicherung

Unter diesem Begriff versteht man die Sicherung einer geforderten Qualität des Auftragnehmers oder der vorgegebenen Qualität des Auftraggebers oder des Herstellers. So bedeutet z. B. beim Beton oder Mörtel, eine geforderte Druckfestigkeit von 25 N/mm², dass dies ständig durch Eigen- oder Fremdüberwachung auch überprüft und nachgewiesen werden muss. Bei Abweichung von dieser Forderung für den betreffenden Stoff müssen sofort entsprechende Maßnahmen eingeleitet werden, um diesen Mangel zu beseitigen.

Quarzsand

ist ein mineralischer, natürlich vorkommender Stoff, der vorwiegend aus (Kieselsäure) Siliciumdioxid besteht. Quarzsand wird in verschiedenen Korngruppen geliefert und hat meist einen farblosen bis hellbräunlichen Grundton. Quarzsande werden in feuergetrockneter Form (Kunststoffe sind in der Regel wasserempfindlich) für Abmagerungen oder als Füllstoffe von Kunststoffbeschichtungen eingesetzt.

Quellen

ist eine volumensmäßige Ausdehnung von Beton und Mörtel durch Aufnahme von Wasser. Relativ groß ist der Quellvorgang bei ⬥ PCC-Mörteln, da das ⬥ Polymer im Mörtel besonders wasseraufnahmefreundlich ist. Das Quellmaß bei Zuführung von Wasser ist nicht so groß wie das ⬥ Schwinden durch Wasserentzug.
Das Quellen muss vor allem bei Harzen (Gelen) ein endlicher Vorgang sein, sonst spricht man von nicht stabilem Material.

Q-R

Radarmessung

ist ein zerstörungsfreies Untersuchungsverfahren im Rahmen der Bauwerksdiagnose. Es dient zur Feststellung und Dokumentation von Inhomogenitäten, Rissen, teilweise auch des Rissverlaufes, Einlagerungen von Metall, Befestigungsklammern usw. Besonders einsetzbar bei der Zustandserfassung von denkmalgeschützten Objekten.

Rakel

ist ein Gerät zum Aufbringen selbstverlaufender, meist kunststoffgebundener Endbeschichtungen. Die Rakel ist eine Art Schieber an einem langen Stiel, an dessen Unterkante Verzahnungen in einer bestimmten Länge angebracht sind (z. B. 2 mm), um eine gleichmäßig dicke Schicht auf einen ebenen Untergrund auftragen zu können.

RAL

Der RAL wurde 1925 gegründet und ist heute ein treuhänderisches Gemeinschaftsorgan der Spitzenverbände der deutschen Wirtschaft und der zuständigen Gütegemeinschaft. Die Aufgaben des RAL sind u. a. die Schaffung von Gütezeichen, Vergabe des Umweltzeichens, RAL-Registrierung u. v. m.

Rammlanzen/Rammverpresslanzen

sind überwiegend aus speziellen metallischen Materialien gefertigt, um mineralische Baustoffe oder spezielle bauchemische Produkte zur Baugrundverfestigung, Unterfangung von Bauwerken, zu Hebungsinjektionen usw. zielgerichtet zu platzieren. Sanierungsmaßnahmen sind entsprechend dem Wasserhaushaltsgesetz (WHG) und objektspezifischen Anforderungen durch ⭲ Fachplaner und z. B. Geotechniker vorzubereiten.

 DESOI Fachprospekt „Injektion mit Rammverpresslanzen", www.desoi.de

 www.desoi.de/anwendervideos

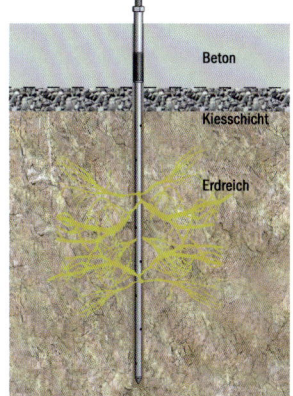

Gesetzte Rammlanze mit Materialaustritt

REACH-Verordnung (Verordnung EG Nr. 1907/2006)

Diese Verordnung ist eine EU-Chemikalienverordnung. REACH steht für: Registration, Evaluation, Authorisation und Restriction of Chemicals – für die Registrierung, Bewertung, Zulassung und Beschränkung von Chemikalien innerhalb der EU-Mitgliedsländer. Weiterhin sind in dieser Verordnung Informationen z. B. zum Risikomanagement und zum Gefährdungspotentzial enthalten.

Reaktionsharze

können aus einer oder aus zwei Komponenten bestehen, die chemisch miteinander reagieren. Initiatoren und Beschleuniger werden verschiedentlich als zusätzliche Komponenten hinzugefügt. Ihre Erhärtung erfolgt durch ⭗ Polymerisation, ⭗ Polyaddition.

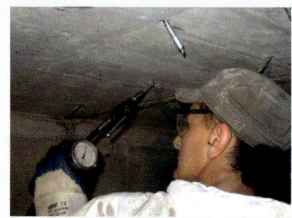

Injektion mit Reaktionsharzen

Reaktionsharzmörtel

wird oft auch als Reaktionsharzbeton bezeichnet und ist ein Mörtel, bestehend aus abgestuftem mineralischem Korn als Zuschlag und ⭗ Reaktionsharz als Bindemittel.

Reaktionsschrumpfung

Während der Erhärtung von Kunstharzen erfahren diese eine Schrumpfung. Bei behinderter Schrumpfung kann es zu Rissen an der Oberfläche kommen (Schwundrisse).

Reaktionszeit

ist die Zeit, die die Härtungscharakteristik beschreibt. Sie wird von den jeweiligen Herstellern bauchemischer Stoffe im Technischen Merkblatt angegeben.

Realkalisierung

Beton karbonatisiert im Laufe der Zeit durch die Umweltbedingungen. Der ⭗ pH-Wert sinkt meist auf einen Wert von unter 9,2. Dies bedeutet eine Verminderung der ⭗ Alkalität des Betons. Der alkalische Vorrat des Zementes wird aufgebraucht. Um diese Alkalität wieder zu erhöhen (Realkalisierung), werden Sanierputze angeboten, die jedoch den Beton nur in einer dünnen Schicht von wenigen Millimetern an der Oberfläche realkalisieren. Auch wenn ein tieferes Eindringen der Alkalität in den Beton kaum möglich ist, so hat das in der Luft vorkommende Kohlendioxid wieder „Nahrung", bis es zum bereits karbonatisierten Beton vordringen kann. Realkalisierung kann aber auch durch Ersatz des bereits karbonatisierten Betons erfolgen, so dass der Stahl wieder im alkalischen Medium eingebettet und über einen längeren Zeitraum geschützt ist.

Redispergierbar

ist die Bezeichnung für eine pulverisierte Dispersion, die in einem einkomponentigen ✎ PCC-Mörtel enthalten ist und sich bei Zugabe von Wasser wieder verflüssigt.

Reifezeit

Hierunter versteht man bei Mörteln die Zeit zwischen dem Ende des Mischvorganges und dem Beginn der Verarbeitung. Ein Mörtel oder Beton benötigt nach dem Mischen eine gewisse Zeit, um als Mörtel oder Beton entsprechend verarbeitbar zu sein. Das Wasser muss während der Reifezeit im gesamten Gemisch homogen verteilt sein, um die einzelnen Bestandteile, wie z. B. das Bindemittel, zum Reagieren zu bringen.

Relative Luftfeuchtigkeit

Ein m³ Luft kann bei einer Temperatur von 10 °C 9,4 g Wasser aufnehmen. Die Luft ist somit gesättigt und hat eine relative Luftfeuchtigkeit von 100 %. Bei 20 °C kann diese Luft 17,3 g Wasser aufnehmen und hat ebenfalls 100 % Luftfeuchtigkeit. Mit anderen Worten: Je höher die Lufttemperatur ist, desto mehr kann die Luft Wasser aufnehmen. Da die 100%ige Wasseraufnahme im Verhältnis (relativ) zur Lufttemperatur unterschiedlich ist, nennt man dies relative Luftfeuchtigkeit.

Reparaturmörtel

ist meist ein hydraulisch abbindender Mörtel, der anstelle des karbonatisierten oder mit Chloriden durchsetzten Betons aufgebracht wird. Reparaturmörtel sind nur dort sinnvoll einsetzbar, wo der Betonstahl im ungünstigen Bereich (zu geringe Betonüberdeckung) oder in schädlicher Umgebung liegt (✎ Chloride).

Repassivierung

Liegt die Bewehrung des Stahlbetons im karbonatisierten Bereich, so ist der passive Schutz durch die ✎ Alkalität des Zementsteines nicht mehr gewährleistet. Um den Stahl wieder in ein alkalisches Medium einzubetten, wird der karbonatisierte Beton (pH-Wert < 9.2) entfernt und mit einem „Betonersatz" wieder reprofiliert. Die Bewehrung liegt nun im alkalischen Bereich, der Mörtel oder Betonersatz bildet auf dem Stahl wieder eine passivierende Schicht.

Reprofilierung

bedeutet, dass eine beschädigte oder entfernte Betonoberfläche wieder in ihrer ursprünglichen Oberflächenstruktur hergestellt wird. Meist werden diese Reprofilierungen mit ✎ PCC-Mörteln oder ✎ PC-Mörteln vorgenommen.

Restaurierung

unter diesem Begriff werden alle Maßnahmen zur Wiederherstellung von Bau- oder Kunstwerken zusammengefasst. Dabei soll möglichst die Originalsubstanz erhalten werden.

Restfeuchte

Im ausgehärteten Beton ist immer eine gewisse Rest- oder ✎ Ausgleichsfeuchte vorhanden, die je nach Luftfeuchtigkeit differiert und ca. zwischen 1 und 6 % liegt. Von Beschichtungen (speziell Kunststoffbeschichtungen) darf der Austritt dieser Restfeuchte nicht behindert werden, da sonst an der Beschichtungsoberfläche Blasen auftreten können bzw. der Haftverbund gestört wird. Die Restfeuchte muss somit vor dem Aufbringen einer Beschichtung z. B. mit einem ✎ CM-Gerät ermittelt werden und in dem vom Hersteller gemäß Technischem Merkblatt vorgegebenen Bereich liegen.

Richtlinien

sind Handlungsvorschriften mit bindendem Charakter, aber nicht gesetzlicher Natur. Eine Richtlinie wird von einer Organisation ausgegeben, die gesetzlich dazu ermächtigt wurde. Der Geltungsbereich ist klar definiert und auch arbeitsrechtlich gefasst, z. B. Richtlinie des Deutschen Ausschusses für Stahlbeton oder Richtlinie der Deutschen Bahn AG.

Rissarten

Oberflächennahe Risse
Oberflächenrisse oder auch oberflächennahe Risse können an den unterschiedlichsten Bauteilen auftreten. Diese beeinträchtigen in der Regel nicht deren Funktion, da der Bauteilquerschnitt nicht durchtrennt wird. Oftmals sind Schwind- und Austrocknungsvorgänge eine mögliche Ursache. Das Rissbild ist häufig netzartig ausgebildet, die Risse können aber auch „wild" verlaufen.

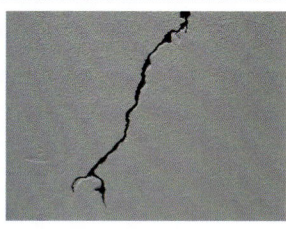

Riss im Bauwerk

↳ Krakelee

Schwindrisse
Diese Risse können durch Volumenverringerung infolge ↳ Schwindens auftreten. Schwindrisse gehen meist durch das gesamte Bauteil.

Trennrisse
erfassen wesentliche Teile des Querschnittes eines Bauteils bzw. den Gesamtquerschnitt. Sie gehen durch das gesamte Bauteil und trennen es in mehrere Teile.

Biegerisse
entstehen bei biegebelasteten Bauteilen in der Zugzone.

Schubrisse
Durch zu hohe Querkraftbeanspruchung entstehen Schubrisse. Sie treten im Bereich großer Querkräfte auf.

Längsrisse
Diese Form der Risse entsteht häufig durch ↳ Korrosion der Bewehrung und ist entlang der Längsachse eines Bewehrungsstabes feststellbar.

Verbundrisse
verlaufen parallel zu den Bewehrungsstäben und treten oft im Verankerungsbereich der Bewehrung auf.

Rissbewegungsmonitor

dient der Beurteilung, ob sich der Riss bewegt und wie groß die Bewegung in einem bestimmtem Zeitraum ist. Durch die aufgetragenen Koordinaten eines Fadenkreuzes und der Millimeterskala können die Veränderungen abgelesen bzw. mit Fotos dokumentiert werden.

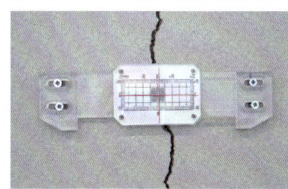

DESOI Rissbewegungsmonitor

Rissbreite

bezeichnet den Abstand der Rissufer senkrecht zum Rissverlauf.

Rissbreitenänderung

Rissbreitenänderungen können verschiedene Ursachen haben:
- kurzzeitige Änderungen z. B. infolge von Verkehrslasten
- tägliche Änderungen z. B. infolge der Sonneneinstrahlung und Tag-Nacht Temperaturdifferenzen
- langzeitige Änderungen z. B. meteorologisch oder jahreszeitlich bedingt

Rissbreitenmesser

Eine wichtige Hilfe bei der ersten Rissbewertung sind Rissbreitenmesser (Vergleichsmaßstab). Die Skalierung ermöglicht die Bewertung der oberflächlichen Rissbreite zum Betrachtungszeitpunkt von 0,1 bis 5 mm.

DESOI Rissbreitenmesser

Risse an Bauwerken aus Beton und Mauerwerk

Vorbemerkungen:
- ein völlig rissfreies Betonbauteil herzustellen, ist mit vertretbarem wirtschaftlichem Aufwand nicht ausführbar
- bei der Planung, Konstruktion und der Qualität der Ausführung wird großes Augenmerk darauf gelegt, die Rissbreiten entsprechend den Objekterfordernissen so klein wie möglich zu halten

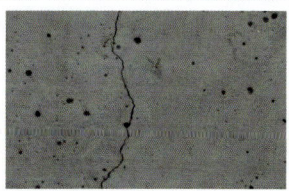

Riss im Beton

- Beton und Mauerwerk sind Baustoffe, die im Vergleich zu ihrer Druckfestigkeit eine relativ geringe Zugfestigkeit besitzen
- Verformungen durch Eigenlast und Belastung sowie Temperatureinflüsse sind ebenfalls ein Kriterium für mögliche Rissbildungen
- betrachtet und saniert werden müssen auch gerissene Arbeitsfugen
- eine weitere Ursache der Rissbildung ist das ✎ Schwinden, das bei der Abkühlung des Betons während der Hydratation des Zementes entstehen kann

Rissflanken

Damit werden die Begrenzungsflächen des Risses bezeichnet. Die Rissflanken müssen vor der Verpressung mit Injektionsharz von abschlämmbaren und gelösten Bestandteilen sowie von Fetten und Ölen gereinigt werden, um eine einwandfreie Haftung des Injektionsstoffes zu gewährleisten.

Rissfüllstoffe (Füllgut)

sind Stoffgemische zum Füllen von Rissen und Hohlräumen.
Überwiegend bestehen diese aus:

- **Epoxidharz (EP):** Komponente A: Harz und Komponente B: Härter
- **Polyurethan (PUR):** Komponente A: Harz und Komponente B: Härter
- **Zementleim (ZL):** Komponente A: Zement und Zusatzstoffe und Komponente B: Zusatzmittel, demineralisiertes Wasser ...
- **Zementsuspension (ZS):** Komponente A: Feinstzemente, Zusatzstoffe und Komponente B: Zusatzmittel, demineralisiertes Wasser ...

Weiterhin sind für Abdichtungsinjektionen Stoffe auf Basis von Acrylat, Polyurethanschaum (PUR-S) und Siliziumbasis geeignet. Ihr Einsatz ist entsprechend stoffspezifischer Besonderheiten anwendungsbezogen abzuwägen (ABI-Merkblatt 2. Auflage). Anmerkung: Mit Polyurethanschaum kann keine dauerhafte Abdichtung erzielt werden, eine Nachinjektion mit Polyurethan ist erforderlich!

Rissinjektion/Risssanierung (Ziele)

- **Schließen:**
  Verhindern des Eindringens von korrosionsfördernden Wirkstoffen
- **Abdichten:**
  Beseitigen von riss- bzw. hohlraumbedingten Undichtigkeiten des Bauteils
- **Dehnfähiges Verbinden:**
  Herstellen einer begrenzt dehnfähigen, dichten Verbindung der Rissflanken
- **Kraftschlüssiges Verbinden:**
  Herstellen einer zug- und druckfesten Verbindung

Rissinjektion

www.desoi.de/anwendervideos

Risskartierung

Die Risskartierung unterstützt die Feststellung möglicher Rissursachen. Besonders im Vergleich (z. B. nach Jahren der Rissbeobachtung) lassen sich wichtige Schlüsse zur Rissursache und zum Sanierungskonzept anstellen.

Rissmesslupe

Meist verwendet man in der Praxis einen Vergleichsmaßstab (Breite von Linien von 0,1 bis 5 mm), den man auf den Riss legt, und durch den Vergleich der Linienbreite lässt sich die entsprechende Rissbreite ablesen. Verwendung finden auch Lupen, z. T. mit Beleuchtung, in deren Optik ein Maßstab von 0,1 bis 10 mm aufgetragen ist.

Rissprotokoll

dient als vorsorgliches Beweismittel bei möglichen Schäden an Gebäuden, z. B. durch Bewegungen, Setzungen, Erschütterungen usw. Zum Füllen von Rissen und Hohlräumen wird im Rahmen der ⬩ ZTV-ING die Anfertigung eines Riss-Protokolls vorgeschrieben. Festzustellen sind Rissverlauf, Rissbreite usw.

Rissrichtung

Aus der Rissrichtung kann man unmittelbar auf die Kraftrichtung schließen. Risse entstehen rechtwinklig zur Zugkraft.

Rissüberbrückende Beschichtung

Mit dieser Form der Instandsetzung/Beschichtung wird eine Oberfläche mit einem elastifizierten, rissüberbrückenden, (bauchemischen) Material versehen. Unbedingte Voraussetzung für die Auswahl geeigneter Beschichtungsmaterialien und Verarbeitungsverfahren ist eine gründliche Bauwerksdiagnose durch ⬩ Fachplaner und Bauspezialisten (teilweise Bohrlochentnahme, Laboruntersuchungen usw.)

Rissufer

bezeichnet die Schnittlinie von Bauteiloberfläche und der Rissflanke.

Rissursachen

können Beanspruchungen aus Lasten, Eigenspannungen usw. sein, die zur Überschreitung der örtlichen Zugfestigkeit eines Bauteils führen.

Rissverpressung/Rissinjektion

Nachdem aufgrund einer ausführlichen Untersuchung die Ursachen von Rissen und Rissbreitenänderungen bestimmt wurde, sind die Bauteiltemperatur, Lufttemperatur, Luftfeuchtigkeit und weitere Faktoren entscheidend für die Auswahl des Zeitpunktes zur Rissverpressung. Hierbei werden Packer gemäß der Arbeitsanweisung in einem bestimmten, vom ✎ Fachplaner vorgegebenen Raster um den Riss herum angeordnet und anschließend injiziert.

Rohdichte

ist die Masse (Gewicht) eines Stoffes bezogen auf das Volumen, einschließlich der eingeschlossenen Luftporen.

Rohrdurchführung

Es handelt sich um Einbauteile zur flüssigkeits- und gasdichten Durchführung von Rohrleitungen, Kabeln usw. durch Bauteile. Der Dichtungsanschluss erfolgt häufig durch Flanschverbindungen. Eine nachträgliche Abdichtung mittels Injektionsverfahren ist eine verbreitete nachträgliche Dichtungsvariante.

Rost

ist ein Gemisch verschiedener Eisenoxide und Eisenhydroxide. Er entsteht durch Einwirkung von Wasser und Sauerstoff gemeinsam auf das Eisen (Bewehrungsstahl). In alkalischem Medium (pH > 9,2) oder unter Luftausschluss findet diese Reaktion nicht statt. Da mit der Rostbildung eine Volumenvergrößerung der Oberfläche um das ca. Zwei- bis Dreifache stattfindet, entwickeln korrodierende Bewehrungseisen einen Druck gegen den umgebenden Beton, der zur Rissbildung im Beton und Abplatzungen führt.

Rotor

Der Begriff Rotor ist aus dem Lateinischen von rotare = kreisen abgeleitet. Als Rotor werden sich drehende (rotierende) Teile einer Maschine genannt, z. B. in Schneckenpumpen.

Rotor

SA 2 ½

ist gemäß DIN 55 928, Teil 4 ein Entrostungsgrad. In dieser Norm heißt es: „Zunder, Rost und Beschichtungen sind soweit zu entfernen, dass Reste auf der Stahloberfläche lediglich als leichte Schattierungen infolge Tönung von Poren sichtbar bleiben." Dieser Entrostungsgrad ist gemäß ✎ ZTV-ING für Bewehrungsstahl gefordert.

Sachkundiger Planer

✎ Fachplaner

Sackrisse

In der Regel horizontal durchhängend verlaufende Risse mit Hohlstellen. Diese Rissformen entstehen beim unsachgemäßen Putzauftrag.

Salpeter

Bei Betonbauteilen oder Mauerwerken sieht man häufig an der Oberfläche weiße, pulverige Anhäufungen. Es ist meist Kalksalpeter (Kalziumnitrat), oder bei Mauerwerk ist es Mauersalpeter. Diese „Ausblühungen" erscheinen, wenn genügend Wasser im Beton oder Mauerwerk vorhanden ist. Kalksalpeter kann sich nur aus der Verbindung von Kalk oder Kalkstein und der Salpetersäure bilden. Der gelöste Kalksalpeter tritt an die Oberfläche, Wasser verdunstet, und zurück bleibt ein „weißes Pulver". ✎ Ausblühungen

Salze

sind kristallisierte Feststoffe und Verbindungen von Metallen und Säureresten. Leicht lösliche Salze können zu Korrosionserscheinungen an Baustoffen führen.

Sandstrahlen

Mit hohem Druck von mehreren Bar wird spezielles Strahlgut auf die Betonoberfläche aufgebracht, und dies bewirkt feinstes Ablösen von Betonteilchen. Sandstrahlen eignet sich bestens zum Entfernen geschädigter Betonoberflächenstrukturen bis auf den „gesunden Beton". Ein Abtrag bis zu mehreren Millimetern ist durchaus möglich. Nachteil des Sandstrahlens ist die große Staubentwicklung. (Spezielle technische Vorschriften bei der Anwendung beachten!) Bei der Entrostung von Bewehrungsstahl hat Sandstrahlen den Vorteil, dass durch den Rückprall des Strahlgutes die schwer zugänglichen Rückseiten der Bewehrung von Rost gereinigt werden können. Sandstrahlen vermindert allerdings den Querschnitt des Stahles (im Gegensatz zum Wasserstrahlen).

Sanierungskonzept

Vor der Risssanierung/Injektion ist eine objektbezogene Bestands- und Schadensaufnahme durchzuführen und zwar vom Erfassen der bestehenden Konstruktion, Analyse der Bauunterlagen bis hin zu Informationen über aufgetretene Risse, Verteilung am Objekt, Verlauf usw. Lastableitungsmodelle, Veränderungen im Baugrund, Standsicherheitsfragen sind eventuell durch Sonderfachleute wie Tragwerksplaner herauszuarbeiten. Sanierungskonzepte sollten durch qualifizierte ⮑ Fachplaner erstellt werden.

Sättigungsfeuchte

Nahezu jeder Stoff, ob Mauerwerk, Beton oder Luft, hat bei bestimmten Temperaturen eine gewisse Feuchtigkeitsaufnahme. So kann ein Medium bei einer höheren Stofftemperatur mehr Feuchtigkeit aufnehmen als bei niedrigen Temperaturen. Ist z. B. bei Luft die Sättigungsfeuchte überschritten, so bildet sich Nebel (⮑ Taupunktbestimmung nach Eichler, S. 141).

Saugfähigkeit

Unterschiedliche Baustoffe haben ein unterschiedliches Saugvermögen. So haben poröse Baustoffe (z. B. Porenbeton) ein höheres Saugvermögen als kleinporige Materialien.

Säuren

sind Lösungen von Nichtmetallhydroxiden in Wasser. Sie sind sauer, röten und greifen unedle Metalle (z. B. Stahl) an. Säuren haben einen ⮑ pH-Wert von < 7.

Schadensdiagnose

Bevor ein Bauwerk instand gesetzt wird, wird in der Regel eine Schadensdiagnose erstellt. Diese Diagnose besteht z. B. aus der Feststellung, ob am Bauwerk Risse vorhanden sind und welchen Ursprung sie haben, wieweit der Beton karbonatisiert ist und ob ⮑ Chloride im Beton vorhanden sind. Die Diagnose wird protokolliert, ausgewertet, und danach wird ein Ausschreibungstext erstellt. ⮑ Sanierungskonzept

Schalenrisse

sind Risse an der Außenfläche (Schale) des Betons. Sie bilden sich, wenn ein Beton mit einer hohen Güte (im Kern hat dieser Beton eine sehr hohe Hitzeentwicklung) im äußeren Bereich durch unzureichenden Schutz (Nachbehandlung) schnell abkühlt. Dadurch ergibt sich ein extremes Temperaturgefälle von bis zu 80 °C. Die Außenschale des Betons kann nicht ungehindert der Temperaturbewegung folgen – es entstehen die Schalenrisse, die mehrere Zentimeter tief sein können.

Schaumglas

ist nach einem besonderen Verfahren geblähtes, poriges Glas. Schaumglas hat durch sein Gefüge die Eigenschaft einer hohen Wärme- und Schalldämmung und ein niedriges spezifisches Gewicht.

Scherbeanspruchung

Wenn zwei Kräfte in entgegengesetzter Richtung auf ein Bauteil einwirken, so entstehen Scherkräfte. Hieraus ergibt sich die Scherbeanspruchung des Materials.

Scherbolzen

Maschinenelement an beweglichen Teilen, mit dessen Hilfe unzulässige Kraftübertragungen verhindert werden.

Schiebekupplung

ist ein Anschlusssystem für Hoch- und Niederdruckflachkopfnippel ⮑ Flachkopfnippel. Dieses findet besonders Anwendung bei Injektionsarbeiten über Kopf (Arbeits- und Ausführungssicherheit).

DESOI Schiebekupplung

Schlagpacker

bestehen aus Kunststoff und werden in den Bohrkanal des Bauteils eingeschlagen.

DESOI Schlagpacker

S-T

Schleierinjektion (Gelinjektion)

Ein in der Praxis bewährtes nachträgliches Abdichtungsverfahren. Rasterartige Bohrungen durchstoßen die gesamte
Konstruktion von innen nach außen nach einem bestimmten,
objektbezogenen Bohrschema. Der vor dem Bauteil ausgebildete Gelschleier, überwiegend aus Acrylatgel, dringt in das
Porengefüge des das Bauwerk umgebenden Erdreichs/Sands
usw. ein und bildet ein Gemisch, das den Wasserzutritt zur
Konstruktion oder Dehnfugen usw. verhindert. Für den Erfolg
der Bauwerksabdichtung ist durch einen ✎ Fachplaner ein
Sanierungskonzept zu erstellen. Die Fachfirma für Injektion

Anwendung Schleierinjektion

sollte über speziell qualifiziertes Personal verfügen und geeig-
nete Injektionstechnik und ✎ Injektionspacker einsetzen. Injektionen des Baugrundes sind nach
§ 49 Wasserhaushaltsgesetz (WHG) zumindest anzeigepflichtig. Daher ist (ca. ein Monat) vor
Beginn der Vergelungsarbeiten eine entsprechende Anzeige bei der zuständigen Unteren Wasserbehörde und beim Amt für Umweltschutz einzureichen. In besonderen Fällen der nachteiligen
Auswirkungen auf das Grundwasser kann auch eine Erlaubnis nach § 10 WHG erforderlich sein.

⬇ DESOI-Injektionstechniken S. 144, ✎ Zeichnungen Schleierinjektion S. 151

Schlieren

Die Bildung von Schlieren kann man am besten bei der Mischung von zwei Komponenten
beobachten (z. B. bei zweikomponentigem Epoxidharz). Schlieren entstehen dadurch, dass
das Material nicht homogen (Homogenität) gemischt ist. So auch beim Sichtbeton, wo diese
Schlieren sich oft durch Wolkenbildungen am fertigen Bauteil zeigen. Schlieren können auch
beim Beton durch schlechtes Verdichten entstehen. Meist haben Schlieren bei Sichtbeton,
außer einem optischen Effekt, keine technisch negativen Merkmale.

Schluff

Böden mit einer Korngröße zwischen 0,002 mm und 0,063 mm.

Schmidt-Hammer

Mit dem Schmidt-Hammer kann man am bereits erhärteten Beton eine zerstörungsfreie
Festigkeitsprüfung vornehmen. Dabei wird durch eine Rückschlagfeder auf einer Skala ein
Pfeil bewegt und bleibt am höchsten Punkt stehen. Je härter der Beton ist, desto stärker ist
der Rückprall. Über eine Tabelle kann dann der Skalenwert in die Betonfestigkeit in N/mm^2
umgerechnet und abgelesen werden.

Schnellschnappverschluss

ist ein Anschlusssystem ohne Querschnittsverengung zur Injektion von mineralischen Materialien. ✎ System Schnellschnappverschluss S. 151

Schraublanze

besteht aus einem Rohr jeweils verschiedener Längen und einem Außengewinde, z. B. speziell zum Einsatz als Aufschraubadapter für die Tieflochverfüllung.

Schrumpfen

ist die Volumenminderung infolge des Abbinde- und Erhärtungsvorganges. So schrumpft z. B. Beton während des Erhärtens, weil Überschusswasser verdunstet und das Volumen verringert wird. Je höher der ✎ Wasserzementwert (W/Z-Wert) beim Beton ist, desto größer ist der Schrumpfprozess. Schrumpfen kann z. B. auch ein lösungsmittelhaltiger Kunststoff, nachdem die Lösungsmittel verdunstet sind.

Schüttdichte

ist die Masse eines Stoffes, bezogen auf das Volumen, einschließlich der Poren und Zwischenräume.

Schwefeldioxid

ist eine gasförmige Schwefelverbindung, die durch Verbrennung von schwefelhaltigen Stoffen (z. B. Braunkohle) entsteht. Schwefeldioxide schaden in den in der Luft vorkommenden Konzentrationen dem Beton kaum, jedoch fördern sie die Korrosion an der Bewehrung, wenn saurer Regen (Wasser mit Schwefeldioxid) in den karbonatisierten Beton oder das poröse Betongefüge eindringt.

Schwefelsäure

ist eine anorganische Säure. Bitumen und Beton sind im Gegensatz zu Epoxidharzen gegen Schwefelsäure nicht beständig. ✎ Sulfate

Schweißbahn

auch Bitumenschweißbahn genannt. Häufiger Einsatz von Schweißbahnen erfolgt im Bereich der Fahrbahnabdichtung im Brückenbau. Aber auch bei Gebäuden mit erdberührten Flächen.

Mittels eines Bunsenbrenners wird die Unterseite der Bahn aufgeschmolzen und somit auf den Untergrund „aufgeklebt" (aufgeschweißt).

Schwerbeton

hat eine Rohdichte in der Regel von mehr als 2,8 kg/dm³ und wird mit Schwerzuschlägen hergestellt. Schwerbetone werden überwiegend bei Anlagen des Strahlenschutzes verwendet. ↳ Schwinden

Schwinden

meint in der Betontechnologie die Volumenminderung des Betons infolge von Austrocknung (Gegenteil: Quellen). Je höher der ↳ Wasserzementwert (W/Z-Wert) ist bzw. je mehr Zement ein Mörtel oder Beton hat, desto größer ist die Gefahr des Schwindens. Die Schwindneigung des Betons oder Mörtels nimmt im Laufe der Jahre ständig ab und ist in den ersten Wochen der Zementhydratation am größten. Bei großen und langen Bauteilen sind Schwindrisse auch bei günstigem W/Z-Wert unvermeidbar, da der Beton nur sehr begrenzt Schwindspannungen aufnehmen kann. Schwindfugen sind aus diesem Grunde in entsprechenden Abständen unbedingt vorzusehen. Schwindrisse können aber auch entstehen durch mangelnde Nachbehandlung der Mörtelschicht oder des Betons, wenn der Außenfläche das Wasser durch Austrocknung schneller entzogen wird als dem Kernbeton, dann entstehen Schwindspannungen. ↳ PCC-Mörtel haben bei Prüfungen in der Schwindrinne nach 28 Tagen in der Regel ein Schwindmaß von < 1 mm und nach 90 Tagen < 1,2 mm.

Schwindrinne

ist eine Prüfvorrichtung im Labor, um das Schwindmaß von z. B. Mörtel zu ermitteln. In eine Rinne wird eine Mörtelschicht aufgetragen und nach einer bestimmten Zeitspanne, meist nach 7, 14, 28, 56 und 90 Tagen wird gemessen, um wie viele mm sich der Mörtel pro Meter ungehindert (also ohne Schwindbehinderung) verkürzt hat.

Schwindrisse

sind Risse infolge ↳ Schwindens des Betons. Vom Erscheinungsbild her sind diese oft netzartig.

Sedimentation

ist das Absetzen eines Stoffes in einer ↳ Suspension. Wenn man Wasser mit Zement mischt und diese Mischung ruhen lässt, setzt sich nach einer gewissen Zeit der Zement ab.

Segmentbauweise

Vorgefertigte Betonbauteile (Segmente) werden in Tragrichtung aneinandergesetzt und zusammengespannt. Die Fugen werden mit Epoxidharz als Pressfuge ausgebildet, es verklebt die Segmente miteinander.

Setzungsrisse

entstehen durch Setzungen von Bauwerken aufgrund der Eigenmasse, Veränderungen im Baugrund usw.

Shore-Härte

ist ein Werkstoffkennwert, der etwas über die Härte von Materialien, vorwiegend für Gummi oder andere elastische Materialien, aussagt. Nach dem Verfahren des Engländers Shore wird die elastische Eindringtiefe eines federbelasteten Stiftes gemessen und auf einer Skala von 0 bis 100 festgehalten. Shorehärte 0 hat z. B. Wasser, Shorehärte 100 hat Stahl. Die Ziffer 20 würde demnach bedeuten, dass es sich um ein sehr weiches und elastisches Material handeln würde. Unterschieden werden Shore A für gummiartige und Shore D zur Messung härterer Stoffe.

Sicherheitsdatenblätter

Für nahezu jeden hergestellten Stoff in der Bauchemie sind Sicherheitsdatenblätter erforderlich. In diesen Schriftstücken werden unter anderem die Gefahrstoffklassen, das Brandverhalten sowie die Behandlung des Stoffes bei Transport und Verarbeitung beschrieben. Ebenso sind in diesen Datenblättern Schutz- und Gegenmaßnahmen aufgeführt, die zu beachten sind. Bei feuer- und explosionsgefährdeten Stoffen sind Sicherheitsdatenblätter Bestandteil der Ladepapiere bei Transporten.

Sieblinie

Nach ✤ DIN 1045, S. 139 ist der Zuschlag (Betonzuschlag) nach einer genau abgestimmten Sieblinie herzustellen. Bei der Sieblinie ist darauf zu achten, dass die verschiedenen Korndurchmesser in einem richtigen Verhältnis zueinander gemischt werden. Der günstigste Sieblinienbereich ist nach DIN 1045 zwischen Sieblinie A und B. Wenn bei einer Sieblinie 0/32 (32 = Größtkorn von 32 mm Durchmesser) z. B. beim 8-mm-Sieb die Ziffer 62 steht, so bedeutet dies, dass 62 des Zuschlages durch dieses gefallen ist; die restlichen 38 liegen noch auf dem Sieb. Also 62 gehören der Korngruppe 0/8 an, 38 der Korngruppe 8/32. Bei Sonderbetonen nimmt man auch Ausfallkörnungen, was besagt, dass eine bestimmte Korngruppe nicht im Zuschlag enthalten ist.

Silane

sind niedrigmolekulare Kunststoffe, die in den Beton sehr gut eindringen und mit dem Beton eine chemische Verbindung eingehen können. Damit Silane diese chemische Verbindung eingehen, benötigen sie im allgemeinen Feuchtigkeit und eine alkalische Umgebung. Silane werden für Hydrophobierung von Betonflächen verwendet und können wegen ihrer wasserfreundlichen Eigenschaft schon bei relativ jungem Beton aufgetragen werden.

Silikate

sind die Salze der Kieselsäure. Silikate sind in der Natur sehr verbreitet und kommen z. B. in Sanden und vielen anderen Gesteinen vor.

Silikonharze

sind hochmolekulare ⤷ Polymere aus der Gruppe der Polysiloxane (Silikone). Sie können, in Lösungsmitteln gelöst, meist in Kombination mit anderen Harzen, als Lacke verwendet werden.

Silikon-Mikroemulsion (SMK)

wird zur nachträglichen Horizontalabdichtung von Mauerwerk bei aufsteigender Feuchtigkeit eingesetzt. Die SMK ist niedrigviskos und bildet in der Injektionsebene eine wasserabweisende Zone, und damit wird das Aufsteigen von Feuchtigkeit verhindert. Die SMK wird mittels geeigneter Injektionstechnik und Injektionspackern eingebracht. Zur Durchführung der Injektion siehe WTA-Merkblatt 4-4-04.

Siloxane

stehen als Produktgruppe zwischen den ⤷ Silanen und den ⤷ Silikonharzen und haben eine niedrigmolekulare Struktur. Siloxane werden z. B. für die Hydrophobierung von Betonflächen verwendet.

Sinterung, Sinterschicht

Bei der Herstellung von Zement wird der gemahlene Rohstoff bis zur Sintergrenze erhitzt. Diese Sinterung bewirkt bei einer bestimmten Temperatur (die Sintergrenze liegt bei ca. 1.500 °C), dass die einzelnen Körner des Ausgangsstoffes durch den Schmelzvorgang miteinander verschweißt werden. Bei gebrannten Klinkern wird die Oberfläche bei der Sintertemperatur zu einer glasartigen Schicht (der Sinterschicht) verschmolzen, die das Eindringen von Wasser und Schadstoffen nahezu unmöglich macht.

SIVV-Schein

SIVV heißt „Schützen, Instandsetzen, Verbinden und Verstärken von Betonbauteilen". Der Aus-
bildungsbeirat Verarbeiten von Kunststoffen im Betonbau beim „Deutschen Betonverein" hat in
Verbindung mit anderen Instituten diese Ausbildungsrichtlinien erarbeitet. Seit 1.1.1989 muss
der Kolonnenführer einer Baustelle diesen Befähigungsnachweis gemäß ↳ ZTV-ING haben,
wenn an Bauwerken im Bereich des Bundesministers für Verkehr Betoninstandsetzungsarbei-
ten durchgeführt werden. Eine Nachschulung muss alle drei Jahre erfolgen.

Spachtelung

ist eine Form des Auftragens für Dünnbeschichtungen mittels Spachtel, Traufel, Rakel oder
Zahnspachtel.

Spaltrisse

gehen durch den ganzen Baukörper hindurch. Sie entstehen z. B., wenn auf ein bereits
betoniertes Fundament nach einigen Wochen die aufgehenden Wände aufbetoniert werden.
Das zwangsläufig bedingte Schrumpfen des jungen Betons wird behindert, und es entstehen
senkrecht verlaufende Risse zum Fundament. Diese Risse können auch dann nicht verhindert
werden, wenn die Bewehrung in Dimension und Menge erhöht wird.

Spaltzugfestigkeit

Darunter versteht man die Widerstandsfähigkeit von z. B. Beton, wenn mit einem Keil versucht
wird, den eingekerbten Beton zu spalten. So wird z. B. aus einem verpressten Riss im Beton
ein Bohrkern gezogen. Mit einem Keil wird versucht, den Riss zu spalten, wobei das Epoxidharz
zu einem späteren Zeitpunkt als der Beton auseinanderbrechen muss, um so zu beweisen,
dass das Epoxidharz die entsprechenden Kräfte aufnehmen kann und eine kraftschlüssige
Verbindung besteht.

Spannbeton

Bei dieser Art von bewehrtem Beton (Stahlbeton) wird der Stahl vor Erhärten des Betons
stufenweise gespannt, so dass je nach Erhärtungsgrad des Betons der Stahl einer Teilvorspan-
nung, bei weiterer Erhärtung einer Vollvorspannung unterzogen wird. Der Beton wird in seinem
Gefüge zusammengedrückt und kann statisch gesehen in voller Stärke Druckspannungen
aufnehmen. Durch diesen Effekt kann man den Querschnitt von Bauteilen erheblich mindern
und schlanker gestalten. Bei Spannbeton wird die Zugfestigkeit des Stahles voll ausgenutzt.

Spannung

Unter diesem Begriff versteht man die im Inneren eines Körpers auftretenden Spannungen pro Flächeneinheit (N/mm^2), die durch eine äußere Kraft verursacht werden. Die Reaktionskräfte, die versuchen, den Körper wieder in seine Ursprungsform ohne diese äußere Belastung zurückzuführen, nennt man z. B. ⅏ Zugspannung, ⅏ Druckspannung oder Biegezugspannung.

SPCC

ist die Abkürzung für „Spritz-Polymer Cement Concrete" oder auch Betonersatzsysteme aus Zementmörtel mit Kunststoffzusatz.

Sperrbeton

ist eine heute nicht mehr übliche Bezeichnung für einen ⅏ wasserundurchlässigen Beton. Man versteht unter diesem Begriff einen Beton, der besonders dicht in seinem Gefüge ist und durch Zugabe von Dichtungsmittel (Betondichtungsmittel) gegen Flüssigkeiten undurchlässig wird (Absperren).

Spiralanker

ist ein schraubenartig gedrehter Edelstahl, welcher zur Instandsetzung von gerissenem Mauerwerk eingesetzt wird. Im Mauerwerk werden Spiralanker zur Rissbreitenbegrenzung verwendet. 🔲 DESOI Fachprospekt „Rissinstandsetzung von Mauerwerk mit dem DESOI-Spiralankersystem", www.desoi.de

DESOI Spiralanker

Spiralankermörtel

Der DESOI-Spiralankermörtel wird zum Herstellen einer kraftschlüssigen Verbindung zwischen den Spiralankern und den Mauerwerksarten verwendet.
Hinweis: Objektbezogen sollte eine Untersuchung des Originalmauerwerksmörtels hinsichtlich evtl. bauschädlicher Salze oder Gips-/Anhydritanteilen vorgenommen werden.

DESOI Spiralankermörtel

Spritzbeton

wird in einem druckfesten Schlauch zur Einbaustelle befördert und dort aufgespritzt und durch den Anspritzdruck verdichtet. Es gibt zwei Spritzbetonverfahren: das Nassspritzverfahren und das Trockenspritzverfahren. Spritzbeton hat meist ein Größtkorn von mehr als 8 mm und kommt in der Regel ab einer Auftragsstärke von 30 mm und mehr zur Anwendung. Mit Spritzbeton instand zu setzende Stahlbetonflächen bedürfen in der Regel keines Korrosionsschutzanstriches der Bewehrung, da sich durch die dick aufgetragene Spritzbetonschicht der Stahl in ausreichend alkalischem Medium (Alkalität) befindet.

Spritzmörtel

Wie beim ⬥ Spritzbeton gibt es das Nass- und das Trockenspritzverfahren. Jedoch werden Schichtdicken schon ab wenigen Millimetern aufgetragen und können anschließend geglättet werden. Von manchen Herstellern werden grobe als auch feine Spritzmörtel angeboten. Größtkorn ist in der Regel 4 mm.

Stahlbeton

Der Franzose Monier erwarb 1867 das erste Patent für die Herstellung von Stahlbeton. Fälschlicherweise wird er als der Erfinder dieser Kombination aus Stahl und Beton bezeichnet – Monier hatte nur das erste Patent. Beim Stahlbeton nimmt der Beton die Druckspannungen auf, der Stahl die Zugspannungen. Beton an sich ist ein sehr widerstandsfähiger Baustoff, dem Umwelteinflüsse bei richtiger Herstellung und Verarbeitung kaum etwas anhaben können und der durch seine Alkalität den Stahl vor Rost schützt. ⬥ Moniereisen

Stahlfaserbeton

wird meist eingesetzt, um die Rissneigung von flächigen Bauteilen, wie z. B. im Tankstellenbau oder bei wasserundurchlässigen Wannen, zu verringern. Dem Beton wird ein bestimmter Anteil an Stahlfasern oder Edelstahlfasern beigemischt.

Stahlpacker

sind Injektionspacker, auch Einfüllstutzen genannt, die fest im Bohrkanal eines Bauteils eingespannt werden. Nach der Injektion werden Stahlpacker aus dem Bauteil wieder entfernt.

DESOI Stahlpacker

Standsicherheitsnachweis

Der Standsicherheitsnachweis (auch Statik genannt) ist die Berechnung und Dimensionierung eines Bauwerks unter Berücksichtigung angenommener Belastungen, wie Verkehrslasten, Schneelasten, Windlasten und Eigengewicht. Hinweis: Ein Nachweis der Tragsicherheit ist ebenfalls erforderlich. Schadensbilder sind einzubeziehen.

Statik

Unter diesem Begriff versteht man allgemein die Lehre von den Gleichgewichten der Kräfte. Wenn auf einen Körper eine gewisse Kraft einwirkt, so muss dieser Körper dieser Kraft standhalten. Falls er dies nicht tut, so hat man hier ein Ungleichgewicht der Kräfte – der Körper wird zerstört. Bei Stahlbeton nimmt der Beton die auf das Bauwerk wirkende Druckkraft auf, der Stahl die Zugkräfte, die durch diese Kraft entstehen. Freiliegende Bewehrung sollte aus diesem Grunde nie entfernt werden, da sonst die Statik des Bauwerkes nicht mehr gewährleistet ist (Betonsanierung).  Voraussetzungen für den Injektionserfolg S. 152

Stator

Als Stator bezeichnet man den feststehenden, unbeweglichen Teil z. B. an einer Pumpe, im Gegensatz zum rotierenden Teil einer Maschine, dem Rotor.

Stator

Stauchung

Die Stauchung tritt durch äußere Krafteinwirkung auf, ohne dass sich das Volumen des Körpers, jedoch seine Form ändert. Wird z. B. ein Würfel aus Gummi von oben belastet, so wird die Höhe kleiner, der Umfang des Würfels im Verhältnis größer. Das Volumen ändert sich jedoch nicht.

Stauwasser

tritt auf, wenn die Abwärtsbewegung (Versickern) des Wassers/Regens behindert wird. Stauwasser bildet sich vor allem nach ausgiebigen Niederschlägen oder nach der Schneeschmelze.

Stellmittel

sind fasrige oder hohlraumreiche Stoffe, die Beschichtungsstoffen oder bauchemischen Stoffen als Verdämmmaterial, vorwiegend auf Kunststoffbasis, zur Verdickung zugefügt werden, damit sie an senkrechten Flächen ohne Ablaufen appliziert werden können.

Stocken

ist eine Arbeitstechnik aus dem Steinmetzhandwerk. Mit dieser Technik wird die Oberfläche aufgeraut bzw. werden lose Gefügeteile des Betons abgeschlagen. Das Gerät nennt man Stockhammer, und es kann elektrisch betrieben werden. Diese Geräte gibt es auch für die manuelle Bearbeitung.

Stoffraum

Der Stoffraum gibt an, wie viel Masse (kg oder Tonne) ein bestimmtes Volumen ausfüllen kann. Sehr oft wird der Begriff Stoffraumrechnen verwendet. Darunter versteht man, wie viel kg verschiedener Stoffe im Raum (z. B. m³) rechnerisch zusammengefügt werden müssen, um eine bestimmte Eigenschaft des Endproduktes zu erhalten.

Strahlmittel

sind Materialien, die beim Sand-, Feucht- oder Nassstrahlen Verwendung finden. Die üblichen Durchmesser der zur Verwendung kommenden Strahlmittel liegen in ihrer Korngröße zwischen 0,4 und 1,2 mm. Je nach Anforderung an die Wirkung des Strahlgutes (harte oder weiche Struktur) werden u. a. folgende Strahlmittel verwendet: Quarzsande, Basalt, und Stahlkies, Drahtkorn, Schlacken von Hochöfen und Stahlwerken.

Streifenfundament

Alternativ zur Fundamentplatte können auch Streifenfundamente hergestellt werden. Wie schon die Bezeichnung sagt, werden in Streifen Fundamente unter den zu errichtenden Mauern gezogen. Äußere Lasten werden in den Baugrund abgeleitet.

STUVA

Studiengesellschaft für unterirdische Verkehrsanlagen e. V. mit Sitz in Köln. Zu den Arbeitsbereichen zählen Grundlagenforschung u. Spezialuntersuchungen, schwerpunktmäßig auf den Gebieten des unterirdischen Bauens, U-Bahn- und Tunnelbaus sowie des Bahn- und Straßenverkehrs.

Styrol

ist eine chemische Verbindung, ein Abkömmling des Benzols (aromatischer Kohlenwasserstoff) und wiederum Ausgangsstoff des Polystyrols. Mischpolymerisate aus Butadien und Styrol werden sehr häufig als Additiv oder ⮑ Dispersion dem ⮑ PCC-Mörtel beigegeben, um eine Erhöhung der Biegezugfestigkeit des Mörtels zu erlangen (Erhöhung der Elastizität).

Sulfate

sind die Salze (kristallisierte Feststoffe) der Schwefelsäure. Sulfate sind vorwiegend in Abwässern vorhanden, so schädigen sie z. B. den Beton besonders im Bereich der Kanalisation und der Kläranlagen. Sulfate können auch im Zuschlag des Betons oder Mörtels vorkommen. Bestimmte Grenzwerte an Sulfaten dürfen im Zuschlag nicht überschritten werden.

Sulfattreiben

Sind im Beton zu viele Sulfate durch Zuschlag oder äußere Einflüsse vorhanden, so kann es nach der Erhärtung des Zementsteines zu neuen chemischen Verbindungen kommen. Die Kristalle, die sich hierdurch bilden, benötigen Raum und erzeugen entsprechenden Druck auf das Betongefüge, der Beton wird gesprengt und platzt ab.

Sulfide

Sulfide sind die Salze der Schwefelwasserstoffsäure. Sulfide können unter bestimmten Voraussetzungen dem Beton schaden, z. B. wenn sie oxidieren (Sulfatbildung ⮑ Sulfattreiben) können sie durch den Zutritt von Feuchtigkeit und Luft in relativ porösen Betonstein eindringen.

Suspension

Im Gegensatz zur ⮑ Dispersion ist die Suspension eine nicht stabile Mischung eines Feststoffes in einer Flüssigkeit. Ist eine Suspension in ruhendem Zustand, so setzt sich der Feststoff von der Flüssigkeit ab. Zementsuspensionen für die Injektion müssen aus diesem Grund durch langsam laufende Rührtechnik in „Schwebe" gehalten werden.

Systemprüfung

ist die Prüfung an einem Gesamtsystem, in der nachgewiesen wird, ob die einzelnen Materialien miteinander harmonieren und aufeinander haften. So wird z. B. bei der klassischen Betoninstandsetzung nachgewiesen, ob der Korrosionsschutz auf Stahl und Beton haftet.

Taupunkt

Die Luft kann bei einer bestimmten Temperatur nur eine gewisse Wassermenge aufnehmen. Bei niedrigen Temperaturen ist die Sättigungsmenge kleiner als bei hohen Temperaturen. Sinkt nun die Temperatur einer fast gesättigten Luft, so kann das Wasser nicht mehr als Dampf gehalten werden, und es bilden sich kleine Wassertröpfchen (Nebel). Die Temperatur, bei der der Sättigungsgrad erreicht ist, nennt man Taupunkt. Um dies an einem rechnerischen Beispiel zu demonstrieren: Bei einer Lufttemperatur von 20 °C ist die gebundene Wassermenge in der Luft z. B. 12,9 g/m³, was einer relativen Luftfeuchte von ca. 73 % entspricht. Nun sinkt die Lufttemperatur auf 15 °C. Bei dieser Temperatur hätte die 100%-ige relative Luftfeuchte eine Sättigungsmenge von 12,8 g/m³. In der Luft sind aber 12,9 g/m³, also 0,1 g/m³ mehr, als die Luft bei dieser Temperatur aufnehmen kann. Dieses Überschusswasser wird in kleinen Wassertröpfchen ausgeschieden. Es bildet sich Nebel. Man kann sich diese Beispielrechnung auch so vorstellen, dass die Luft zwar konstant bei 20 °C bleibt, aber auf einen Körper (z. B. Betonwand) trifft, der die Temperatur von 15 °C hat. Das Überschusswasser an diesem Berührungspunkt von Luft und Betonwand schlägt sich nieder. ✎ Taupunktbestimmung nach Eichler, S. 141

Taupunktbestimmung

Die Taupunktbestimmung ist ein wichtiger Vorgang bei der Betoninstandsetzung und Injektion, wenn mit Kunststoffen gearbeitet wird. Mittels Ablesung der Temperatur und der Luftfeuchtigkeit auf dem Schreiber eines Thermohygrografen, kann man mithilfe der ✎ Taupunktbestimmungstabelle den Taupunkt ablesen. Die zu bearbeitende Betonfläche muss mindesten 3 °C wärmer sein als der abgelesene Wert in der Tabelle.

Taupunktbestimmungstabelle

In dieser Tabelle kann der Taupunkt bei bestimmten Temperaturen und Luftfeuchtigkeiten abgelesen werden. ✎ Taupunktbestimmung nach Eichler, S. 141

Tausalze

werden vorwiegend auf Straßen und Autobahnen und somit auch im Brückenbereich eingesetzt. Tausalze sind chloridhaltig und können durch die ✎ Kapillarporen des Betons in das Gefüge eindringen. Wenn das Wasser eine Temperatur von unter 0 °C hat, kann es nach Kristallisierung der Salze wieder gefrieren und so den Beton durch Sprengwirkung zerstören. Die in dem Beton verbleibenden Salzkristalle können, sobald sie die Bewehrung erreichen, den Stahl zum Korrodieren bringen (✎ Chloride). Bei der Betoninstandsetzung sollten chloridgetränkte Stahlbetone vollständig abgetragen werden.

Tauwasser

kann als überschüssige
Feuchtigkeit (Nebel) anfallen,
wenn die Sättigungsgrenze
der Luft überschritten ist
↳ Taupunkt, kommt aber
auch vor, wenn Eis oder
Schnee schmelzen. Spe-
ziell wenn Salze im Winter
gestreut werden, kann das

Tauwasser

Eiswasser in Verbindung mit dem Tausalz in das Bauwerk eindringen und dort erheblichen
Schaden anrichten.

TBM – Tunnelbohrmaschine

Diese spezielle Großmaschinen mit einem Bohrkopf bis zu
20 m werden besonders beim Tunnelbau, z. B. im harten
Gestein, lockerem Fels, eingesetzt. Diese Maschinen finden
Verwendung, wenn der Vortrieb mittels Sprengtechnik unge-
eignet ist.

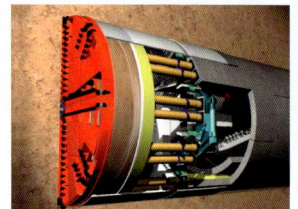

Tunnelbohrmaschine

Temperatur

ist der Wärmezustand eines Körpers, von Flüssigkeiten oder Gasen. In der Regel in Grad
Celsius (°C) angegeben. Temperaturdifferenzen werden mit Kelvin (K) bezeichnet.

Temperaturdehnung

ist die Dehnung eines Materiales infolge des Einflusses von Wärme und Kälte. So dehnt sich
z. B. Stahl infolge von Wärmeeinfluss aus, und bei Kälte schrumpft er (zieht sich zusammen).

Thermische Dehnung des Betons

auch Temperaturdehnung des Betons genannt. Die ↳ Temperaturdehnung ist u. a. abhängig
von der Wärmedehnzahl (at), der Temperaturdifferenz und der Gefügeeigenschaft des Betons,
die sich aus Zuschläge, Zement und Feuchtigkeitsgehalt ergibt. Für den Beton und die Stahl-

einlagen darf nach ↳ DIN 1045, S. 139 im Abschnitt 16,5 hierfür ein at-Wert von 0,01 mm/(m * K) (K=Kelvin und kann in der Praxis mit Grad C gleichgesetzt werden). Stahlbeton, der z. B. von –20 °C auf +40 °C erwärmt wird, erfährt eine Temperaturdehnung von Delta T (Temperaturdifferenz), multipliziert mit 0,01 mm/(m *K) = 60 * 0,01 mm/m = 0,6 mm/m. Epoxidharze können z. B. unter gleichen Temperaturbedingungen eine Dehnung von 6 mm/m erfahren, was dem 10-fachen Wert des Betons entspricht.

Thermische Reinigung

Bei dieser Art der Oberflächenvorbehandlung von Beton handelt es sich um Flammstrahlen oder Flammschälen. Der Beton wird mit einem Hand- oder Maschinenbrenner mit einer Sauerstoff-Acetylen-Flamme kurzfristig einer Temperatur von 1.500 °C ausgesetzt. Durch diesen Temperaturschock wird der Beton in einer Stärke von 1 - 2 mm abgesprengt. Flammgestrahlter Beton muss anschließend nochmals mechanisch nachbehandelt werden, damit das angebissene Betongefüge vollständig entfernt wird. Die thermische Reinigung darf in der Regel nur für Horizontalflächen Anwendung finden und nur von Personen mit entsprechender Ausbildung nach den DVS-Richtlinien (Deutscher Verband für Schweißtechnik) ausgeführt werden. Flammstrahlen hat den Nachteil, dass die hohen Temperaturen, mit denen der Beton behandelt wird, Gefügestörungen im tieferen Bereich verursachen können – die Haftzugfestigkeit des Betons wird negativ beeinflusst.

Thermische Spannung

Aufgrund unterschiedlicher Ausdehnungskoeffizienten von Materialien, z. B. zwischen Stahlbeton und Epoxidharz, entstehen unterschiedliche ↳ Temperaturdehnungen, die an den angrenzenden Berührungsflächen zu Spannungen und hierdurch zu Rissen oder gar vollständigen Abtrennungen führen können.

Thermoelaste

Thermoelaste sind ähnlich den Elastomeren, also weitmaschig vernetzte, große Moleküle (z. B. weitmaschig vernetztes PE-Polyethylen) welche in der Wärme erweichen.

Thermografie

ist ein Verfahren, das Infrarotstrahlung sichtbar macht. Dieses Verfahren wird z. B. am Bau angewandt, um Wärmebrücken an Gebäuden sichtbar zu machen.

Thermohygrograf

ist ein Gerät, auf dem mit einem Schreiber ständig die Temperatur und die relative Luftfeuchtigkeit grafisch aufgezeichnet werden. Gemäß ✎ ZTV-ING muss bei Bauarbeiten, die nach dieser Vorschrift ausgeführt werden, ein Thermohygrograf auf der Baustelle betrieben werden.

Thermometer

Mit diesem Gerät wird die Temperatur auf unterschiedliche Art und Weise gemessen. So wird u. a. bei der Betoninstandsetzung das Minimum-Maximum-Thermometer für die Lufttemperaturmessung (es wird jeweils die höchste und niedrigste Tagestemperatur angezeigt), das Oberflächenthermometer zur Messung der Temperatur des Betons an der Oberfläche benötigt.

Thermoplaste

Thermoplaste sind vorwiegend lineare Fadenmoleküle (Bildung von Verkettungen sehr großer ✎ Moleküle). Thermoplaste schmelzen in der Wärme (z. B. PVC – Polyvinylchlorid) und gehen in einen plastischen Zustand über, in dem sie verformbar sind. Geht die Temperatur wieder zurück, so werden die Thermoplaste wieder fest, bleiben jedoch verformt.

Thiokole

oder auch Thioplaste genannt, sind kautschukähnliche Kunststoffe auf Polysulfidbasis, die durch Polykondensation (z. B. Ethylenchlorid) mit Natriumpolysulfiden hergestellt werden. Thiokole werden häufig als Fugenvergussmassen oder Fugenbänder aufgrund ihrer hohen Elastizität und Witterungsbeständigkeit eingesetzt. Thiokole haben eine hohe Beständigkeit gegen chemische Angriffe wie z. B. Licht, Feuchtigkeit und können hohe Verformungen aufnehmen.

Thixotrop

Darunter versteht man die Einstellung von z. B. Epoxidharzen in einen plastischen Zustand unter Zugabe von Verdickungsmitteln. In diesem Zustand kann ein sonst sehr flüssiger Stoff so zähflüssig eingestellt werden, dass dieser auch an senkrechten Bauteilen problemlos verarbeitet werden kann und nicht abläuft, z. B. als Verdämmmaterial bei der Rissinjektion oder dem Einsatz von Klebepackern.

Thixotropiermittel

sind in der Regel Verdickungsmittel, die Epoxidharzen zugegeben werden, um eine Verarbeitung an senkrechten Flächen zu ermöglichen.

Thymolphthalein

ist eine Indikatorflüssigkeit, die auf den Beton aufgesprüht wird. Die Indikatorflüssigkeit schlägt bei einem pH-Wert von ca. 9,3 bis 10,5 des Betons in Blau um. Die Messung des pH-Werts mit Thymolphthalein ist etwas genauer als mit ⬡ Phenolphthalein, da der gefährdete Bereich der Karbonatisierung bei ca. 9,2 beginnt. Jedoch hat Thymolphthalein eine eingeschränkte optische Wirkung bei Betonen mit HOZ-Zementen, da der Beton schon eine bläuliche Grundfarbe hat.

Tiefenpacker/Blähpacker

⬡ Einfach-Blähpacker

TL-BE PC

bedeutet „Technische Lieferbedingungen für Betonersatz Polymer Concrete". Diese Vorschrift ist Bestandteil der ⬡ ZTV-ING und legt die Bedingungen für Lieferung, Etikettenaufdruck und Arbeitsanweisung des Materiales fest.

TL-BE PCC

bedeutet „Technische Lieferbedingungen für Betonersatz Polymer Cement Concrete". Diese Vorschrift ist Bestandteil der ⬡ ZTV-ING und legt die Bedingungen für Lieferung, Etikettenaufdruck und Arbeitsanweisung des Materiales fest.

TL-BE SPCC

bedeutet „Technische Lieferbedingungen für Betonersatz Spritz-Polymer Cement Concrete". Diese Vorschrift ist Bestandteil der ⬡ ZTV-ING und legt die Bedingungen für Lieferung, Etikettenaufdruck und Arbeitsanweisung des Materiales fest.

TL-FG EP

bedeutet „Technische Lieferbedingungen für Füllgut aus Epoxidharzen". Diese Vorschrift ist Bestandteil der ⬡ ZTV-ING und legt die Bedingungen für Lieferung, Etikettenaufdruck und Arbeitsanweisung des Materiales fest.

S-T

TL-FG PUR

bedeutet „Technische Lieferbedingungen für Füllgut aus Polyurethanen". Diese Vorschrift ist Bestandteil der ↳ ZTV-ING und legt die Bedingungen für Lieferung, Etikettenaufdruck und Arbeitsanweisung des Materiales fest.

TL-OS

bedeutet „Technische Lieferbedingungen für Oberflächenschutzsysteme". Diese Vorschrift ist Bestandteil der ↳ ZTV-ING und legt die Bedingungen für Lieferung, Etikettenaufdruck und Arbeitsanweisung des Materiales fest.

Topfzeit

Dieser Begriff ist nicht zu verwechseln mit der Gebindeverarbeitungszeit. Die Angabe der Topfzeit sagt aus, wie lange eine Probe von 100 ml eines zweikomponentigen Reaktionsharzes bei 23 °C nach Zugabe des Härters benötigt, um 40 °C zu erreichen.

TP-BE PC

bedeutet „Technische Prüfbedingungen für Betonersatz Polymer Concrete". Diese Vorschrift ist Bestandteil der ↳ ZTV-ING und legt die Bedingungen für die Grundprüfung des Materiales fest.

TP-BE PCC

bedeutet „Technische Prüfbedingungen für Betonersatz Polymer Cement Concrete". Diese Vorschrift ist Bestandteil der ↳ ZTV-ING und legt die Bedingungen für die Grundprüfung des Materiales fest.

TP-BE SPCC

bedeutet „Technische Prüfbedingungen für Betonersatz Spritz-Polymer Cement Concrete". Diese Vorschrift ist Bestandteil der ↳ ZTV-ING und legt die Bedingungen für die Grundprüfung des Materiales fest.

TP-FG EP

bedeutet „Technische Prüfbedingungen für Füllgut aus Epoxidharzen". Diese Vorschrift ist Bestandteil der ↳ ZTV-ING und legt die Bedingungen für die Grundprüfung des Materiales fest.

TP-FG PUR

bedeutet „Technische Prüfbedingungen für Füllgut aus Polyurethanen". Diese Vorschrift ist Bestandteil der ⏚ ZTV-ING und legt die Bedingungen für die Grundprüfung des Materiales fest.

TP-OS

bedeutet „Technische Prüfbedingungen für Oberflächenschutzsysteme". Diese Vorschrift ist Bestandteil der ⏚ ZTV-ING und legt die Bedingungen für die Grundprüfung des Materiales fest.

TQM

heißt „Total Quality Management". ⏚ ISO 9000 ff.

Tränkungsverfahren – Pinselinjektion – Schließen von Rissen

Durch eine Tränkung werden in der Regel nur oberflächennahe Bereiche gefüllt. Als bauchemische Stoffe dürfen gemäß ⏚ DAfStb-Richtlinie nur Epoxidharze, Zementleime und Zementsuspensionen eingesetzt werden. Da diese Arbeiten häufig mit einem Pinsel ausgeführt werden, ist die Bezeichnung Pinselinjektion im allgemeinem Bausprachgebrauch üblich. Das Verfahren ist drucklos. Eine Optimierung des Verfahrens erreicht man nach vorgehender Erhitzung des Risses.

Transportbeton

ist im Gegensatz zum Ortbeton ein Beton, der in einer zentralen Mischanlage hergestellt und mit zugelassenen Trommelmisch-Fahrzeugen zur Baustelle transportiert wird. Bei Transportbetonen sind besondere Bedingungen, besonders in Bezug auf Zugabe von Betonzusatzmitteln, zu beachten, die in der ⏚ DIN 1045, S. 139 genauestens vorgeschrieben sind.

Transportmörtel

ist ein Mörtel, der in einer zentralen Mischanlage hergestellt und mit Transportfahrzeugen zur Baustelle gebracht wird. Transportmörteln werden meist verzögernde Zusatzmittel beigefügt.

Trass

ist eine feinkörnige vulkanische Asche und sehr weich. Trass entwickelt gute hydraulische Eigenschaften und wird daher gerne als Zuschlag im Unterwasserbau verwendet. Trass findet auch als Grundstoff bei der Herstellung von Trasszement Verwendung.

Trasszement

ist ein Zement, der hauptsächlich im Unterwasserbau Verwendung findet. Trasszement besteht aus ca. 30 bis 40 % ✤ Trass und zu 60 bis 70 % aus Portlandzementklinker. Die Anfangserhärtung von Trasszement ist langsam und hat daher eine geringere Abbindewärme als Portlandzement. Wegen seiner hervorragenden hydraulischen Eigenschaften wird er vorwiegend im Unterwasserbau eingesetzt. Mit Trasszement hergestellte Betone oder Mörtel ergeben ein dichtes Gefüge. Trasszement ist ein Normzement gemäß DIN 1164.

Trennmittel

sind wachs- oder ölhaltige Mittel, die vor dem Betonieren auf die Schalung aufgebracht werden, um ein späteres leichteres Entschalen zu ermöglichen. Zu viel aufgebrachte Trennmittel können für den Beton insofern schädlich sein, da das vom Holz ungebundene Öl oder Wachs sich in der Randzone des Betons mit dem Frischbeton vermischt und so zu Störungen des Hydratationsprozesses führt. Auch zu viel aufgebrachtes Trennmittel kann auf der Betonfläche als haftungsmindernd beim späteren Auftrag einer Beschichtung oder Imprägnierung wirken.

Trennrisse

sind Risse, die ein Bauteil durchtrennen. Trennrisse entstehen meist durch einachsige (z. B. von oben nach unten) Überbeanspruchung des Bauteils. Die Werkstoffe Beton und Stahl werden überbeansprucht und dehnen sich über ihr Aufnahmevermögen aus. Die Standsicherheit eines Bauwerkes kann wesentlich reduziert sein.

TRK-Wert

bedeutet „Technische Richtkonzentration". Mit diesem Wert wird die Konzentration an Gas, Dampf oder Schwebstoff am Arbeitsplatz angegeben, die eine Arbeitsschutzmaßnahme und messtechnische Überwachung erfordert. Die Richtwerte ändern sich ständig unter Einflussnahme neuer physiologischer und technischer Erkenntnisse.

Trockenfilmdicke

ist bei einer Beschichtung mit Kunststoffen die Schichtdicke des getrockneten Stoffes (z. B. bei Versiegelungen), nachdem Lösungsmittel und/oder Wasser verdunstet sind.

Trockenspritzverfahren

Bei dem Trockenspritzverfahren, wird das Trockengemisch mit einem Druckluftstrom durch einen Förderschlauch zur Spritzdüse befördert. Dort werden dem Trockengemisch Wasser, Zusatzmittel oder bei sogenannten zweikomponentigen Betoninstandsetzungsmörteln die Dispersion zugegeben. Dieses Verfahren wird bei der Betoninstandsetzung vorwiegend für zweikomponentige ✎ PCC-Mörtel oder bei Spritzbeton angewendet.

Trogbauwerk

Der Begriff stammt aus dem Verkehrswegebau (S-Trassen- und Bahnbau). Das Trogbauwerk besteht aus einer Bodenplatte und seitlichen Wänden aus Beton. Die Trogbauweise wird häufig im Grundwasserbereich angewandt. Aus diesem Grund muss der Beton wasserundurchlässig sein (✎ Weiße Wanne) und so bemessen werden, dass die Wanne gegen Auftrieb geschützt ist.

Tübbinge

sind Bauteile aus Beton, Stahl oder Gusseisen für den Bau der Tunnelinnenschale. Die Aufgabe der Tübbinge ist die Versteifung der Tunnelröhre. Häufig bilden sieben Segmente einen vollständigen Ring. Je nach bautechnischen und geologischen Erfordernissen werden Tübbinge mit

Transport der Tübbinge

Dichtelementen aus Hohlkörperprofilen, hergestellt aus elastomeren Kunststoffen, gefertigt. Aufgrund von bautechnisch bedingten Verformungen sind oft Nachdichtsysteme für undichte Fugen und Risse erforderlich. Eine dauerhafte Abdichtung mit Acrylatgelen oder Polyurethanharzen ist dann erfolgreich, wenn ein objektbezogenes Abdichtungskonzept erstellt wird.

TÜV

heißt „Technischer Überwachungsverein" und bezeichnet privatwirtschaftliche Gesellschaften, die technische Inspektionen und Kontrollen durchführen. Der Begriff TÜV ist eine geschützte Marke. Ein Dachverband fasst die einzelnen TÜV-Holdings und meisten Einzelvereine im technischen Überwachungsverein zusammen. Der TÜV ist auch bei der Zertifizierung nach ISO 9001 behilflich. ✎ www.vdtuev.de, S. 133

Übereinstimmungsnachweis

Durch werkseigene Produktionskontrolle und Fremdüberwachung wird sichergestellt, dass Injektionsstoffe mit gleich bleibenden zugesicherten Eigenschaften hergestellt werden.

Überwachung durch anerkannte Überwachungsstelle (Fremdüberwachung)

Überprüfung der Ausführung der Injektionsarbeiten, u. a. auf der Baustelle, sowie Kontrolle der Dokumentationen, der Eigenüberwachung usw. durch eine unabhängige Überwachungsstelle mit bauaufsichtlicher Anerkennung.

Ultraschallprüfung

Ein zerstörungsfreies Prüfverfahren zur Feststellung des Zustandes von Bauteilen aus Beton oder anderen Baustoffen. Gerissene und stark gestörte Bereiche sowie Inhomogenitäten können weitestgehend zuverlässig ermittelt werden. Speziell ausgebildete Bauexperten sollten diese Untersuchungen durchführen und auswerten.

Umtopfen

Neben dem richtigen Dosieren von zweikomponentigen Kunststoffen ist unter anderem auch das homogene Vermischen des Materials von besonderer Bedeutung. In der Praxis wird meist die Komponente B (Härter) in den Behälter der Komponente A (Harz) gefüllt. Beim anschließenden Mischen entstehen an den Rändern unvermischte „Inseln". Um dies zu vermeiden, ist das Gemisch in einen sauberen Topf vollständig umzugießen (umtopfen) und erneut zu mischen, auf diese Weise erhält man ein absolut homogenes Gemisch der beiden Komponenten.

Untergrundvorbehandlung

Bei der Beschichtung von Beton ist zuvor eine Untergrundvorbehandlung erforderlich, um Fette, Öle, Zementschlämme oder andere trennende Schichten zu entfernen. Bei Stahl ist der Rost bis zum festgelegten Reinheitsgrad zu entfernen. Als Untergrundvorbehandlungsmethoden kennt man z. B. Sandstrahlen, Dampfstrahlen, Hochdruckwasserstrahlen, Kugelstrahlen, Flammstrahlen und Feuchtstrahlen.

Vakuumbeton

Darunter versteht man einen plastischen bis weichen Beton, dem nach dem Einbau in frischem Zustand das Wasser mittels einer Vakuumpumpe oder Filtermatten entzogen wird.

Vario Spritzdüsenkopf

Durch Verdrehen der Düse und Änderung des Druckes im Spritzkopf ist eine variable Einstellung des Spritzbildes erreichbar.

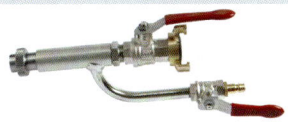

DESOI Vario Spritzdüsenkopf

Verarbeitbarkeitsdauer (von Rissfüllstoffen)

ist die Zeitdauer, während der angemischte Rissfüllstoff in den verwendeten Gebinden verarbeitbar bleibt. Die Verarbeitbarkeitsdauer entspricht ca. 70 % der Topfzeit (Herstellerangaben beachten).

Verarbeitungsrichtlinien

sind die Vorschriften, in einer Norm oder einem „Technischen Merkblatt" des Herstellers, wie ein Werkstoff zu behandeln und zu verarbeiten ist.

Verarbeitungstemperatur

ist die Mindesttemperatur, die bei der Verarbeitung eines Stoffes am Bauwerk und in der Umgebung (Lufttemperatur) eingehalten werden muss. So betragen diese Temperaturen während der Verarbeitung und in der Erhärtungsphase in der Regel bei: Beton, PCC-Mörtel + 5 °C, Epoxidharzen + 8 °C, Polyurethanen + 5 °C, Polymethacrylaten + 1 °C, Ungesättigtem Polyester + 1 °C. Die Herstellerangaben sind unbedingt zu beachten.

Verdämmung

Die zu verpressenden Risse werden bei Injektionshochdruckverfahren (teilweise über 100 bar hohe Drücke) mit einem Gemisch aus Epoxidharz oder Polyurethanmaterial und Stellmittel verdämmt, damit beim späteren Injizieren (Verpressen) der Injektionsstoff nicht aus dem Riss austreten kann.
✎ Klebepacker, ✎ Zeichnungen S. 150

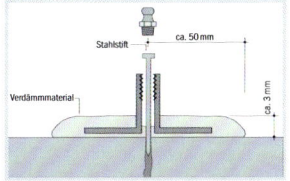

Schema Verdämmung mit Klebepacker

Verdichtungsporen

sind Luft, die durch Verdichten des geschütteten Betons eingeschlossen wird und meist als Kugelporen, trotz intensiver Verdichtung, im Kern des Betons oder an der Schalhaut als Lunker im Beton verbleibt.

Verdursten

Wenn dem hydraulisch abbindenden Beton oder Mörtel infolge unzureichender Nachbehandlung bzw. durch ungenügenden Schutz vor Wasserentzug das Wasser zur Hydratation genommen wird, z. B. durch Verdunstung, so kann der Mörtel/Beton nicht durchhärten. Der Beton/Mörtel „verdurstet" oder „verbrennt". Dieses Verdursten ist eine häufige Ursache von Rissen bei dünnschichtigen Putzen oder Instandsetzungsmörteln.

Verfugkopf

der Verfugkopf ermöglicht eine Spritzverfugung bei großen Fugenbreiten und -tiefen. Dabei ist ein exaktes, sauberes und wirtschaftliches Verarbeiten von maschinengängigem Fugenmörtel gewährleistet.

Verfugkopf

Verfüllmörtel

wird bei der Verfestigung von Natursteinmauerwerk eingesetzt und dient zum Verfüllen von Hohlräumen unter geringem Druck.

Verfüllschlauch

Zum Verfüllen von Hohlräumen, z. B. in das historische Mauerwerk, wird der Injektionsstoff mittels Verfüllschlauch mit Verschlussstück eingebracht.

Verfüllschlauch

Vergelung

⬩ Schleierinjektion/Gelinjektion

Vernadelung

Eine seit Jahrhunderten angewandte Technik zum Sichern von Mauerwerk durch eingelegte ✎ Spiralanker, Metall oder Sonderbauteile gegen Zug- und Schubkräfte.

Vernadelung

Verpressen

ist das Injizieren von Verpressankerbohrungen im oder hinter dem Mauerwerk. Voraussetzung für den Erfolg sind qualifiziertes und erfahrenes Personal sowie die geeignete Injektionstechnik und Injektionspacker. Ein Injektionskonzept sollte vorab durch einen erfahrenen ✎ Fachplaner erstellt werden.

Verschlussstück

Am Ende eines Verfüllschlauches oder Injektionspackers angebrachte Vorrichtung zum schnellen und vollständigen Verschließen, damit der Injektionsstoff nicht herausfließen kann.

Verschlussstück

Viskosität

Jede Flüssigkeit hat eine innere Reibung, die die Flüssigkeit in ihrem Gefüge zäh macht, also viskos. Viskosität bedeutet demnach Zähigkeit und drückt die Kraft aus, die zur Überwindung dieser inneren Reibungskräfte gebraucht wird. Die Viskosität einer Flüssigkeit nimmt mit zunehmender Temperatur ab und mit abnehmender Temperatur zu. So ist die Zähigkeit von Wasser bei einer Temperatur von 20 °C, die von Injektionsharz liegt bei ca. 40 – 100 und darüber. Dennoch wird dieses Injektionsharz niedrigviskos genannt, wegen seiner relativ geringen inneren Reibung. Die dynamische Viskosität wird in mPa.s (Milli-Pascal-Sekunde) angegeben (Messung mit Rotationsviskosimeter).

U – V

Viskositätsmessbecher

ist ein Auslaufbecher für die Messung hoch viskoser Flüssigkeiten zur Voreinstellung von Prozesssteuerungen. Dabei wird die Zeit gemessen, wie lange die Flüssigkeit benötigt, um von einem Punkt an einen anderen Punkt (vertikal) zu gelangen. Wasser hat eine Viskosität von ca. 20 – 22 Sekunden. Zementsuspensionen haben Viskositäten von 25 – 50 Sekunden. Viskositätsmessbecher werden auch als Marshtrichter bezeichnet.

DESOI Marshtrichter

VOB

hieß einst Verdingungs-Ordnung für Bauleistungen. Daher das Kürzel VOB. Heute heißt die VOB „Vergabe- und Vertragsordnung für Bauleistungen".
Die VOB ist unterteilt in VOB/A, VOB/B und VOB/C. Der Teil A (Allgemeine Bestimmungen für die Vergabe von Bauleistungen) der VOB ist unterteilt in vier Abschnitte.

    1. Basisparagrafen
    2. Basisparagrafen mit zusätzlichen Bestimmungen nach der EG-Baukoordinierungsrichtlinie
    3. Basisparagrafen mit zusätzlichen Bestimmungen nach der EG-Sektorenrichtlinie
    4. Vergabebestimmungen nach der EG-Sektorenrichtlinie (VOB/A-SKR)

In der VOB/B (Vertragsbedingungen für die Ausführung von Bauleistungen) werden u. a. die Vergütung, Kündigungsfristen, Behinderungen usw. und deren Handhabung festgelegt. Die VOB/C (Allgemeine Technische Vertragsbedingungen für das Bauwesen) sagt aus, welche technischen Regeln und Normen für Bauausführungen anzuwenden sind, auch was z. B. Nebenleistungen sind oder was zur Hauptleistung zählt. Dort ist auch festgelegt, wie welche Leistungen abzurechnen sind.

VOB-Vertrag

ist ein Bauvertrag, bei dem die VOB/B ausdrücklich vereinbart wurde.

Vornorm

ist ein Dokument, das von einer normenschaffenden Institution vorläufig angenommen wurde und der Öffentlichkeit zugänglich ist:
z. B. DIN V 18028 (Rissfüllstoffe nach ⬑ DIN EN 1504-5:2005-03, S. 140 mit besonderen Eigenschaften. Nach Vorliegen notwendiger Erfahrungen bildet diese Vornorm die Grundlage einer Norm).

Wand-Sohle-Anschluss (Horizontale Arbeitsfugen)

Arbeitsfugen sind natürliche Schwachpunkte einer Konstruktion, hinsichtlich der Wasserundurchlässigkeit. Unter Beachtung bautechnischer Anforderungen zur Untergrundvorbehandlung und dem Aufbetonieren gelingt es, ohne zusätzliche Dichtungselemente auszukommen. Planerisch wird meist im Tunnelbau vorgegeben, ob z. B. Injektionsschläuche vorbeugend verlegt werden, um diese bei Erfordernis mit Polyurethan-Harz Injektion nachträglich abzudichten.

Nachträgliche Abdichtung einer horizontalen Arbeitsfuge

Wasser (H₂O)

Chemisch betrachtet ist Wasser eine Verbindung von zwei Wasserstoffatomen und einem Sauerstoffatom. Die Viskosität von Wasser bei 20 °C beträgt 1,0 mPa·s. Wasser bedeutet Leben.

Wasseraufnahmekoeffizient (w)

Er kennzeichnet die Saugfähigkeit von Stoffen oder Oberflächen. Im Bauwesen ist er wichtig für die Regenschutzwirkung z. B. bei der Beschichtungen an Fassaden.

Wasserdichter Beton

↳ WU-Beton. Mit dieser Aussage wird fälschlicherweise ein wasserundurchlässiger Beton bezeichnet. Beton ist nicht wasserdicht. Wasser kann unter Druck in das Gefüge des Betons eindringen. Beton ist demnach „nur" in flüssiger Form wasserundurchlässig, da seine Poren mit Wassermolekülen vernetzt sind.

Wasserdruckversuche in Bohrlöchern (WD-Versuche)

Wird zur integralen Erfassung verschiedener Einflüsse auf die Bauteildurchlässigkeit herangezogen. In einen Bohrlochabschnitt wird unter einem definiertem Druck Wasser eingepresst (Einsatz ↳ Blähpacker bzw. ↳ Doppel-Blähpacker). Als Ergebnis erhält man für einen bestimmten Druck die Wasseraufnahmemenge.

W-Z

Wasserdurchlässigkeit

Bezeichnung für das Abführen (Durchleiten) von Wasser im Untergrund sowie im Bauteil, aufgeschütteten Baustoffen, Bodenbestandteilen. Allgemeine Bezeichnung für diese Wasserdurchlassfähigkeit ist der k-Wert

Wassereindringprüfer

Um die Wasseraufnahme des Betons zu prüfen, verwendet man am häufigsten die „Wassereindringprüfer nach Dr. Karsten". Mit diesen ca. 120 mm langen Röhrchen, für Prüfungen an waagerechten als auch senkrechten Flächen erhältlich, kann die Wasseraufnahme des Betons überprüft und festgestellt werden.

Wasserglas

ist eine wässerige Lösung aus Natrium- oder Kaliumsilikat. Unverdünntes Wasserglas setzt sich an der Luft mit Kohlensäure um und es entsteht eine spröde, glasige Masse. 1925 von Hugo Joosten entwickeltes Verfahren zur Verfestigung von Sand mittels Injektionen auf der Basis von Wasserglas, dieses wurde 1926 patentiert. ⮎ Joosten Verfahren⮌

Wasserhaushaltsgesetz (WHG)

Ist Bestandteil/Hauptteil des deutschen Wasserrechts. Titel: Gesetz zur Ordnung des Wasserhaushaltes, – Neufassung 01. März 2010. Zweck dieses Gesetzes ist es, durch eine nachhaltige Gewässerbewirtschaftung die Gewässer als Bestandteil des Naturhaushaltes, als Lebensgrundlage des Menschen zu schützen.

Wasserrückhaltevermögen

Unter diesem Begriff versteht man das Vermögen des Betons oder Mörtels, das noch nicht chemisch oder physikalisch gebundene Zugabewasser zurückzuhalten, so dass es nicht vorzeitig verdunstet. Zusatzmittel wie Kunststoff Dispersionen erhöhen das Wasserrückhaltevermögen des Betons/Mörtels.

Wasserundurchlässiger Beton (WU-Beton)

Unter dieser Bezeichnung versteht man einen Beton, mit hohem Wassereindringwiderstand. Betone dieser Art werden überwiegend beim Bauen im Grundwasserbereich (⮎ Bemessungswasserstand) verwendet. Wasserundurchlässiger Beton ist nicht diffusionsdicht, d. h., das Wasser in gasförmigem Zustand den Beton durchdringen kann.

Gemäß DBV-Merkblatt „Hochwertige Nutzung von Untergeschossen" bestehen besondere Anforderungen an hochwertig genutzte Bauwerke. So ist für Bauwerke der Nutzungsklasse A ein Feuchtetransport in flüssiger Form nicht zulässig.

Wasserundurchlässigkeit

bedeutet nicht, dass ein Baustoff vollkommen wasserdicht oder wasserundurchlässig ist. Wasser diffundiert in gasförmiger Form durch den Baukörper, jedoch nicht in tropfbarer flüssiger Form.

Wasserzementwert (W/Z-Wert)

Das Verhältnis in Masseteilen, in dem Wasser (w) und Zement (z) im Frischbeton enthalten sind.

Weichmacher

Bei der Herstellung von z. B. Epoxidharzen oder Fugenbändern werden Weichmacher zugesetzt, um eine erhöhte Elastizität oder eine geringere Härte des Kunststoffes zu erhalten. Weichmacher bestehen meist aus flüssigen oder festen organischen Stoffen. Durch Abwanderung oder Austausch der Weichmacher mittels Diffusion können Kunststoffe verspröden.

Weiße Wanne (Wasserundurchlässige Betonbauwerke)

Wasserundurchlässige Bauwerke aus Beton werden auch als Weiße Wannen bezeichnet. Für diese Bauwerke sind aufgrund der Konstruktion keine zusätzlichen Dichtungen erforderlich. Bodenplatte und Außenwände werden als geschlossene Wanne aus Beton mit hohem Wassereindringwiderstand hergestellt. Siehe: Richtlinie „Wasserundurchlässige Bauwerke aus Beton" des ⇔ DAfStb und Merkblatt Deutscher Betonverein „Hochwertige Nutzung von Untergeschossen".

Nutzungsklasse A: Wasserdurchtritt in flüssiger Form ist nicht zulässig Feuchtstellen auf der Bauteiloberfläche als Folge des Wasserdurchtritts sind auszuschließen.

Nutzungsklasse B: Feuchtstellen im Bereich von Trennrissen, Sollrissquerschnitten und Fugen sind zulässig.

Werkseigene Produktionskontrolle

In Verantwortung des Herstellers werden Prüfungen durchgeführt, um die Eigenschaften zu dokumentieren, die in der Eignungsprüfung vorgegeben sind.

Werktrockenmörtel

Ist ein Gemisch aus Zuschlägen, Bindemitteln (in der Regel Zement) und gegebenenfalls Polymeren in Pulverform, das im Herstellerwerk gebrauchsfertig hergestellt wird. Meist ist mit dieser Herstellung eine Fremd- Eigen- und/oder Qualitätsüberwachung verbunden, um eine Norm zu erfüllen oder eine gleich bleibende Qualität zu garantieren. Werktrockenmörtel werden an der Baustelle i. d. R. nur noch mit Wasser oder einem Gemisch aus Wasser und Additiven angemacht und sind dann meist ohne weitere Zusätze verwendbar.

WTA

WTA ist die Wissenschaftlich-Technische Arbeitsgemeinschaft für Bauwerkserhaltung und Denkmalpflege e.V., die als Zusammenschluss führender Fachleute aus Wissenschaft, Forschung und Praxis regelmäßig wertvolle Erkenntnisse für die Baufachwelt erarbeitet. Das Fachwissen wird in offiziellen WTA-News schriftlich verbreitet. Dazu wird die Fachzeitschrift: „Bausubstanz" genutzt.

WU-Beton

↳ Wasserundurchlässiger Beton

Zement

Zement ist ein pulverförmiges, anorganisches feingemahlenes Bindemittel für Beton, Mörtel und Estrich. Zement kann an der Luft als auch unter Wasser hydratisieren und erhärten. Zement besteht im Wesentlichen aus Kalkstein, kieselartigen Rohstoffen (wie Sand, Silikate, Quarz), tonartigen Stoffen (wie Ton, Tonschiefer, Asche, Schlacke) und Eisenoxiden und Anteile von Sulfaten. Die heutige Bezeichnung geht auf die Römer zurück, die dieses Bindemittel vor ca. 2000 Jahren beim Bau des Pantheon in Rom einsetzten.

Zementinjektion

ist eine Injektionen mit dem Ziel z. B. Hohlräume zu verfüllen. Bei geringem Festigkeitsanspruch, können dem Injektionsstoff Füllstoffe wie Schlacke oder Flugasche beigemischt werden. Es wird empfohlen entsprechende Baustofflabore einzubeziehen.

Zementinjektion

Zementleim

Ist ein Gemisch aus Zement und Wasser – einschließlich Zusatzmitteln und Zusatzstoffen - und gilt als Bindemittel zwischen den Zuschlagskörnern. Zementgebundene Füllgüter (⇖ Zementsuspension) unterscheiden sich nach Feinstzementen und Normzementen. Der Wasser-Bindemittelwert beeinflusst maßgeblich die Eigenschaften in der Flüssigphase und nach der Erhärtung. Zementleim ist bei Rissbreiten ab ca. 0,8 mm einsetzbar.

Zementmörtel

Zementmörtel sollte der DIN EN 197-1 oder DIN 1164 entsprechen und aus Zement hergestellt werden unter Zugabe von Zusatzmitteln und Zusatzstoffen. Das Größtkorn bei Zementmörtel muss einen Durchmesser von weniger als/oder 4 mm haben.

Zementstein

Ist das nach Abschluss der hydraulischen Erhärtung vorliegende Endprodukt aus Zement und Wasser. Der Zementstein füllt die Hohlräume im Korngerüst der Zuschläge und verkittet diese.

W-Z

Zementsuspension

besteht aus Feinstzement, Wasser und Zusatzmitteln für die Injektion. Kolloidalmischer oder Dissolvermischer sind erforderlich, um mit hoher Mischenergie die feinen Suspensionspartikel zu separieren und zu verteilen. Mischzeit je nach Herstellerangaben ca. 10 Minuten! Das Mischgut muss nach dem Mischvorgang in Bewegung (Schwebe) gehalten werden, da es ansonsten zum Absetzen des Bindemittels (instabile Mischung) kommt. Dies kann durch stetiges langsames Mischen oder Umpumpen der Suspension erfolgen. Zementsuspension ist bei Rissbreiten ab ca. 0,2 mm einsetzbar.

DESOI Zementsuspension

Zerstörende Verfahren

Durch Probeentnahmen z. B. mittels Kernbohrgerät kann der mögliche Rissverlauf, die Risstiefe und der Zustand der Rissflanken beurteilt werden. Im Baustofflabor können weitere Angaben wie Druck- und Biegefestigkeit ermittelt werden.

Zerstörungsarme Verfahren

Durch Anbringen von Gipsmarken mit Datum und Strichmarkierung sowie Hilfsmittel, wie Messschieber und evtl. Aufweiten des Risses können weitere Erkenntnisse zur Feststellung möglicher Rissursachen ermittelt werden.

Zerstörungsfreie Prüfung

Unter diesem Begriff versteht man z. B. die Druckfestigkeitsprüfung von Beton, ohne dessen Gefüge zu zerstören. Festigkeitsprüfungen dieser Art werden meist mit einem Rückprallhammer, dem sogenannten ⌯ Schmidt-Hammer, am erhärteten Beton vorgenommen. Bei der Beurteilung von Rissen können Verteilung und Verlauf der Risse dokumentiert werden. (Vergleichsmessstab für Rissbreiten, Messlupe). Wesentlich sind weiterhin die Ermittlung des Rissalters im Vergleich der ⌯ Rissflanken mit Verschmutzungen oder biologischem Bewuchs und besonders zeitliche Veränderungen der Rissbreite.

ZTV-ING

Zusätzliche Technische Vertragsbedingungen und Richtlinien für Ingenieurbauten Bundesministerium für Verkehr, Bau- und Wohnungswesen; BMV Herausgeber: Verkehrsblatt Verlag

ZTV-W LB 219

Zusätzlich Technische Vertragsbedingungen – Wasserbau (ZTV-W) für Schutz und Instandsetzung der Betonbauteile von Wasserbauwerken (Leistungsbereich 219) Herausgeber: Bundesministerium für Verkehr, Abt. Wasserstraßen

Zugspannungen

Es handelt sich um einen Begriff aus der Festigkeitslehre und hierbei um Kräfte, die senkrecht zur Fläche wirken. Sie werden je nach Richtung, Zugspannung oder Druckspannung und deren skalare Größe Druck genannt. Die Zugspannung versucht ein Bauteil (Körper) auseinander zu ziehen.

Zulassungen für Bauprodukte

Das Deutsche Institut für Bautechnik (DIBt) erteilt allgemeine bauaufsichtliche Zulassungen (abZ) für Bauprodukte und Bauarten. Darüber hinaus europäische technische Zulassungen (ETA) für Bauprodukte und Bausätze.

Zwangsmischer

Sind Kleinmischanlagen mit denen aus unterschiedlichen Materialien Mischungen in verschiedenen Konsistenzen hergestellt werden können. Es werden keine speziellen Anmischgefäße benötigt. Im Gegensatz zum Freifallmischer (Betonoder Mörtelmischer) steht das Anmischgefäß waagrecht und von oben werden die Mischerschaufeln in das Gefäß eingelassen. Es geht um homogenes Mischen des Materials, bei konstanter Mischqualität. (Tellermischer, gegenläufige Mischwerkzeuge)

DESOI Zwangsmischer

Z-W

Zweikomponenten-Injektionsgerät (Injektionspumpe)

Bei dieser Pumpe werden die Stoffkomponenten in getrennte Behältern eingefüllt. Durch Zwangsförderung der Komponenten mit einem zuverlässigen einstellbaren oder festen Mischungsverhältnis wird der Injektionsstoff in einen leistungsfähigen Mischkopf durchgemischt und zusammengeführt. Für Injektionen, bei denen die kontinuierliche Überwachung und Aufzeichnung wesentlicher Parameter gefordert ist, stehen Injektionsanlagen mit Mess- und Dokumentationseinheiten zur Verfügung. ✋ Flow Control II

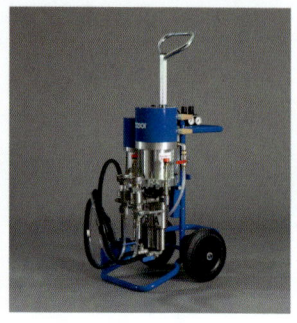

DESOI 2K-Injektionspumpe

Zyklopenmauerwerk

Bezeichnung für eine Sonderform des Bruchsteinmauerwerkes aus großen unregelmäßig geformten Natursteinen. In der Regel sehr gut geschichtet und ohne Mörtel errichtet.

DESOI®
Injektions-Abc
Anhang

Dipl.-Ing. Eur.-Ing. Katrin Hofmann

- Abitur und baupraktische Tätigkeit in Berlin
- Studium des Bauingenieurwesens an der FH Koblenz
- Zusatzausbildung zum Restaurator im Handwerk an der Akademie des Handwerks Hamburg
- Fachberaterin der Sarnafil GmbH in Hamburg/Schleswig-Holstein mit Schwerpunkt Flächenabdichtung
- Fachberaterin der Stelcon AG in Hamburg/Schleswig Holstein mit Schwerpunkt Betonfertigteilelemente, Flächenbefestigung und Umweltschutz
- seit 2000 Mitglied der ABC GmbH
- 2002 – 2008 Geschäftsführerin der Fachgemeinschaft für die Vergelung von Bauwerken e.V.

Arbeitschwerpunkte

- Fachplanerin für die Vergelung von Bauwerken gemäß DB AG Richtlinie 804.6102
- Entwicklung und Erweiterung von Produkten und Systemen im Bereich Bauen im Bestand
- Beurteilung von Bauzuständen und Entwicklung der entsprechenden Systemvorschläge
- Untersuchungen von Bauschäden und Erstellen von Berichten und Gutachten
- Entwicklung von Sanierungskonzepten und deren fachliche Begleitung
- Nachträgliches Abdichten im Bestand z. B. mittels Injektion
- Schützen – Instandsetzen – Verstärken und Verbinden von Betonbauteilen
- Sicherheits-und Gesundheitsschutzkoordinatorin
- Managementberatung, Schwerpunkt Vertrieb

Veröffentlichungen, Vorträge, Lehrtätigkeit

- Lehrtätigkeit/Vorträge bei Weiterbildungsmaßnahme im Bereich der Bauwerksinstandhaltung
- Verschiedene Veröffentlichungen in Fachzeitschriften mit dem Schwerpunkt der nachträglichen Abdichtung mittels Vergelung

Kontakt

RAL
GÜTEZEICHEN

Planung der
Instandhaltung
Betonbauwerke

Dipl.-Ing. EUR.- Ing. Katrin Hofmann
Asendorf Bauchemie Consult GmbH
Schälzigweg 72
12205 Berlin
Tel: 030/39802709
E-Mail: hofmann@abc-gmbh.de

Anhang

Dipl.-Ing. Jörg-P. Zemke

- Fachoberschule Kaiserslautern (Fachhochschulreife)
- Studium an der Fachhochschule des Landes Rheinland-Pfalz in Kaiserslautern. Belegung der Fachrichtung Bauingenieurwesen mit Abschluß als Diplom-Bauingenieur (FH). Zwischenzeitlich für sechs Monate tätig als Maurer bei der Fa. Holzmann, NL Mannheim.
- Studienschwerpunkte: Baubetrieb, Eisenbahnbau, Straßenbau, Siedlungswasserwirtschaft
- Diplomarbeit: Errichtung zweier Stauseen unter Berücksichtigung ökologischer Gesichtspunkte im Eselsbachtal in Kaiserslautern. Abschlußnote: sehr gut

Arbeitschwerpunkte, Vorträge, Lehrtätigkeit

- Fa. Held & Francke, Niederlassung Kaiserslautern, als Bauabrechner, Bauleiter, Bauvermesser und Kalkulator.
- Fa. Baumann, Kaiserslautern, zunächst tätig als Bauleiter, Bauabrechner und Bauvermesser. 1982 u.a. Prüfstellenleiter der firmeneigenen Prüfstelle „E" gemäß DIN 1045. 1984 tätig in der Kalkulation, hauptsächlich für hochbautechnische Großprojekte, Kanal- und Pipelinebau.
- Selbständig als freier Bauingenieur in der Bau- und Betonberatung
- Fa. Baumann, Kaiserslautern, tätig als Prüfstellenleiter, Bauleiter und Kalkulator für Tiefbau, Brücken- und Betoninstandsetzung. 1988 im Besitz des SIVV-Scheines, 1988 jährl. ca. 2 – 3 betriebsinterne Schulungen in den Gebieten B-II, Beton und Betonsanierung für ca. 30 – 40 Bauleiter und Poliere durchgeführt.
- Tätig bei der bauchemisch-produzierenden Fa. T.I.B., Mannheim (damals zugehörig zur Deutschen Shell AG, heute BASF), als Produktmanager in der Betonsanierung. Meine Tätigkeit erstreckte sich überwiegend auf Akquisition, Kundenschulung, Vorträge, Vorführungen und Kontaktpflege zu Instituten und öffentlichen Auftraggebern zwecks Einführung neuer Produkte und technischer Beratungen.
- Selbständig als beratender Ingenieur für hoch- und tiefbautechnische Fragen sowie baubetriebswirtschaftlicher Abläufe. Beratung bei der Optimierung von Nachträgen und Angeboten und bei der Installation von Kalkulationsabteilungen in Baubetrieben.
- Veranstalter und Vortragender von Fachseminaren über die Themen Baubetrieb, Betriebswirtschaft, Kalkulation, Spekulation, Nachträge VOB und Betoninstandsetzung. Bis heute über 600 Firmen- und offene Seminare, Workshops und Trainings selbst veranstaltet und geleitet bzw. vorgetragen vor über 9.000 Teilnehmern. Referent bei zahlreichen SIVVLehrgängen der Fachgemeinschaft Bau, Berlin - Brandenburg.

Veröffentlichungen

- Feb. 1992 „Lexikon der Betoninstandsetzung" im Eigenverlag veröffentlicht. Über 6.000 verkaufte Expl.
- Jan. 2006 „Das betriebswirtschaftliche Lexikon für den Bauleiter, Meister und Polier" Im Eigenverlag veröffentlicht

Kontakt

Dipl.-Ing. Jörg-P. Zemke
67158 Ellerstadt

www.aibau.de

Aachener Institut für Bauschadensforschung und angewandte Bauphysik gemeinnützige Gesellschaft mbH -AIBau-

www.bafa.de

Erneuerbare Energien – Bundesamt für Wirtschaft und Ausfuhrkontrolle

www.betonverein.de

Deutscher Beton-und Bautechnik-Verein e. V.

www.bine.info

BINE Informationsdienst – Fachinformationszentrum Karlsruhe

www.bufas-ev.de (BuFAS)

Bundesverband Feuchte & Altbausanierung e. V.

www.dafstb.de

Deutschen Ausschuss für Stahlbeton

www.dhbv.de

Deutscher Holz- und Bautenschutzverband e. V.

www.dibt.de

Deutsches Institut für Bautechnik

www.enev-online.de

Energieausweis, EnEV

www.erhalten-historischer-bauwerke.de

Erhalten historischer Bauwerke e.V. Karlsruhe

www.fk-bauwerkserhaltung.de

Förderkreis Bauwerkserhaltung e.V. Weimar

www.irb.fraunhofer.de

Auffinden von Bauforschungsprojekten

www.is-argebau.de

Bauministerkonferenz

www.vdtuev.de

Verband der TÜV e. V.

www.vwhg.de   www.vwhg.eu

Verband wassergeschädigter Haus- und Grundeigentümer e. V.

www.wta.de

Wissenschaftlich-Technische Arbeitsgemeinschaft für Bauwerkserhaltung und Denkmalpflege

www.zdb.de

Zentralverband des Deutschen Baugewerbes

Für illegale, fehlerhafte oder unvollständige Inhalte und insbesondere für Schäden, die aus der Nutzung oder Nichtnutzung solcherart dargebotener Informationen entstehen, haftet allein der Anbieter der Seite, auf welche verwiesen wurde, nicht derjenige, der über Links auf die jeweilige Veröffentlichung lediglich verweist.

Anhang

[1]	Abdichtungen im Bauwesen, 5. Leipziger Abdichtungsseminar, Normen, Zulassung, Forschung und Anwendung, Themenschwerpunkt: Beschichtungen und Flüssigkeiten in der Abdichtung Grundsätze zur Bewertung der Auswirkungen von Bauprodukten auf Boden und Grundwasser, Teil 1, Fassung Mai 2009, Mitteilungen des Deutschen Instituts für Bautechnik, Heft 04/2009, Januar 2010
[2]	Abdichten von Bauwerken durch Injektion - ABI-Merkblatt 2. Auflage STUVA Studiengemeinschaft für unterirdische Verkehrsanlagen e. V. (Hrsg), IRB Verlag
[3]	Bauregelliste B Teil 1 2009/2, Bauprodukte im Geltungsbereich hormonisierter Normen nach der Bauproduktenrichtlinie
[4]	Bauwerksabdichtung in der Altbausanierung, Verfahren und juristische Betrachtungsweise; Vieweg + Teubner 2008
[5]	Beton- und Stahlbetonbau 09/2010, Nachträgliche Abdichtung von Betonbauwerken durch Gelinjektion, Dr.-Ing. Ute Hornig, Dipl.-Ing. Matthias Rudolph
[6]	Bundesanstalt für Straßenwesen (BASt) - ZTV-ING: Zusätzliche Technische Vertragsbedingungen und Richtlinien für Ingenieurbauten, Stand 03/12. Verkehrsblatt Verlag Dortmund. Abschnitt 5: Füllen von Rissen und Hohlräumen
[7]	Bundesministerium für Verkehr, Bau- und Wohnungswesen, Abteilung Straßenbau, Straßenverkehr - RIZ-ING: Richtzeichnungen für Ingenieurbauten. Ergänzungen 1/2007. Verkehrsblatt Verlag Dortmund, 2004.
[8]	DBV Merkblatt Januar 2009 "Hochwertige Nutzung von Untergeschossen", Bauphysik und Raumklima
[9]	DBV-Merkblatt "Bauen im Bestand - Beton und Betonstahl", Fassung Januar 2008
[10]	DBV-Merkblatt "Begrenzung der Rissbildung im Stahlbeton- und Spannbetonbau", Deutscher Beton-Verein e. V., Januar 2006
[11]	Deutsche Gesellschaft für Geotechnik e. V. (DGGT): Empfehlungen des Arbeitskreises Ak 5.1 "Kunststoffe in der Geotechnik und im Wasserbau": Empfehlungen zu Dichtungssystemen im Tunnelbau EAG-EDT. Verlag Glückauf Essen (VGE), 2005
[12]	Deutscher Ausschuss für Stahlbeton (Hrsg.): Richtlinie Betonbauteile, Schutz / Instandsetzung, Ausgabe 2001-10. Richtlinie Schutz und Instandsetzung von Betonbauteilen (Instandsetzungs-Richtlinie). Teil 1: Allgemeine Regelungen und Planungsgrundsätze; Teil 2: Bauprodukte und Anwendung; Teil 3: Anforderungen an die Betriebe und Überwachung der Ausführung; Teil 4: Prüfverfahren. Berlin, Beuth, 2001

[13]	Deutscher Ausschuss für Stahlbeton (Hrsg.): Richtlinie Wasserundurchlässige Bauwerke aus Beton (WU-Richtlinie). Berlin, Beuth, 2003
[14]	Deutscher Beton- und Bautechnik-Verein e.V. (DBV e.V.): Merkblatt „Injektionsschlauchsysteme und quellfähige Einlagen für Fugen". 01/2010
[15]	DIBt-Grundsätze "Bewertung der Auswirkungen von Bauprodukten auf Boden und Grundwasser"; Fassung Mai 2008
[16]	Dipl.-Ing. Jürgen Gänßmantel/Baumeister Rainer Spirgatis: Seminare nach WTA - Mauerwerksinstandsetzung 2008 ff
[17]	DWA-Merkblatt 506, Injektionen mit hydraulischen Bindemittteln in Wasserbauwerken aus Masseneton, Deutsche Vereinigung für Wasserwirtschaft, Abwasser und Abfall e. V., Januar 2006,
[18]	EnEV 2009: Energieeinsparverordnung für Gebäude – Verordnung über energiesparenden Wärmeschutz und energiesparende Anlagentechnik bei Gebäuden , Verkündung im Bundesgesetzblatt, Jahrgang 2009, Teil 1, Nr. 23, Bundesanzeiger Verlag; 30. April 2009 Seite 954 bis 989 – Inkrafttreten: 01.Oktober 2009
[19]	Empfehlungen zu Dichtungssystemen im Tunnelbau, DGGT (Deutsche Gesellschaft für Geotechnik e. V., Verlag Glückauf Essen
[20]	Erläuterungen zu DIN 1045-1, Heft 525, Deutscher Ausschuss für Stahlbeton, Beuth Verlag GmbH, Berlin-Wien-Zürich, 2003
[21]	Forschungsbericht F 947 des ibac an der RWTH Aachen - Anwendungsbedingungen für den Einsatz von Acrylatgelen in Arbeitsfugen und Rissen von Stahlbetonbauteilen: Fraunhofer IRB Verlag, Stuttgart 2007
[22]	Fraunhofer-Institut für Bauphysik – Abt. Wärmetechnik – Elektronische Checkliste zur Aufnahme von Bestandsgebäuden für die Berechnung nach DIN V 18599
[23]	Gesetz zur Neuregelung des Wasserrechtes, Fassung vom 31.07.2009
[24]	Graeve, H.: Nachträgliche Abdichtung von WU-Betonbauteilen. In: Bauphysikkalender 2004, Ernst & Sohn, 2004, S. 675 – 702
[25]	Haack, A.; de Hesselle, J.; Hornig, U.: Wasserundurchlässiger Beton. In: Haack, A.; Emig, K.-F.: Abdichtung im Gründungsbereich und auf genutzten Deckenflächen. 2. Aufl., Berlin, Ernst und Sohn, 2003, S. 291 – 344
[26]	Heinz Meichsner, Katrin Rohr-Suchalla: Risse in Beton und Mauerwerk , Ursachen, Sanierung, Rechtsfragen. Fraunhofer IRB Verlag, 2008

[27]	Heinz Meichsner: Spiralanker für die Mauerwerksinstandsetzung, Berechnung und Konstruktion; Fraunhofer IRB Verlag 2009
[28]	Hermann, K.; Mahnert, U.: Nachträgliche Bauwerksabdichtung unter Einsatz von Acrylatgelen. In: Bausubstanz 3 (2010), S. 32 – 39
[29]	Hinweise für die Überprüfung der Standsicherheit von baulichen Anlagen durch den Eigentümer/Verfügungsberechtigten. Hrsg. Bauministerkonferenz. Konferenz der für Städtebau, Bau- und Wohnungswesen zuständigen Minister und Senatoren der Länder (Argebau). Fassung September 2006
[30]	Hohmann, R.: „Abdichtung bei wasserundurchlässigen Bauwerken aus Beton". 2., überarb. und erw. Auflage, Stuttgart, Fraunhofer IRB Verlag, 2009
[31]	Hohmann, R.: Fugenabdichtung bei wasserundurchlässigen Bauwerken aus Beton – Typische Fehler bei der Planung und Ausführung. Der Bausachverständige, Teil 1: Heft 2 (2005), S. 28–31, Teil 2: Heft 3 (2005), S. 18 – 21
[32]	Hohmann, R.: Konstruktive und ausführungsseitige Fehlerquellen bei der Ausbildung von Fugenkonstruktionen. In: Bauphysik Kalender 2008, Berlin, Verlag Ernst & Sohn, 2008, S. 355 – 376
[33]	Hohmann, R.: Nachträgliche Abdichtung vernässter Wohngebäude durch Schleiervergelung – eine Lösung für alle Fälle? Europäischer Sanierungskalender 2009, Berlin, Beuth Verlag, 2009
[34]	Hohmann, R.: Nachträgliche Abdichtung undichter Fugen. Beton- und Stahlbetonbau, 101. Jg. (2006), S. 950 – 963
[35]	Hohmann, R.: Bauen im Bestand – Erdberührte Bauteilabdichtung – Möglichkeiten der nachträglichen Instandsetzung. In Schäden an Gründungen und erdberührten Bauteilen IRB Verlag, Stuttgart 2011, S. 39 – 53
[36]	Hornig, U. ,Rudolph, M.: Qualitätssicherung durch innovative Injektionstechnik. In: Tunnel, Heft 3 (2008), S. 2 – 4
[37]	Lufski Bauwerksabdichtungen, 7. Auflage, 2010, Kapitel 15, "Gelinjektion" U. Hornig
[38]	ÖVBB-Richtlinie „Injektionstechnik - Teil 1: Bauten aus Beton und Stahlbeton", Ausgabe 01/2008
[39]	REACH-Verordnung (EG) Nr. 1907/2006 des Europäischen Parlaments und des Rates vom 18. Dezember 2006 zur Registrierung, Bewertung, Zulassung und Beschränkung chemischer Stoffe.

[40]	RÜV – Richtlinie für die Überwachung der Verkehrssicherheit von baulichen Anlagen des Bundes. Bundesministerium f. Verkehr, Bau und Stadtentwicklung. Stand 03/06
[41]	Scheier Michael, Fachanwalt für Verwaltungs- und Umweltrecht, 50735 Köln, www.umweltrecht-scheier.de
[42]	SIVV-Handbuch - Schützen, Instandsetzen, Verbinden und Verstärken von Betonbauteilen. Hrsg.: Deutscher Beton- und Bautechnik-Verein e. V., Ausbildungsbeirat Verarbeiten von Kunststoffen im Betonbau, Berlin, Ausgabe 2005
[43]	STUVA e. V.: Tunnelstatistik für Deutschland.
[44]	STUVA e.V, Köln (Hrsg.): ABI-Merkblatt „Abdichtung von Bauwerken durch Injektion". 2., überarb. Auflage, Fraunhofer IRB Verlag, Stuttgart, 2007
[45]	Verein Deutscher Ingenieure (VDI): Richtlinie VDI 6200: Standsicherheit von Bauwerken – Regelmäßige Überprüfung. Ausgabe 2008
[46]	Verlag Ernst & Sohn: Mauerwerk-Kalender 2013, Hrsg.: Wolfram Jäger., Bauen im Bestand, S. 191 – 212
[47]	Verordnung über Sicherheit und Gesundheitsschutz auf Baustellen BaustellV (Baustellenverordnung). Stand 10.6.1998
[48]	Wasserhaushaltsgesetz (WHG), Stand 2010
[49]	WTA Merkblatt 2-4-08/D – Beurteilung und Instandsetzung gerissener Putze an Fassaden
[50]	WTA Merkblatt 4-6-98: Abdichten erdberührter Bauteile, Wissenschaftlich-Technische Arbeitsgemeinschaft für Bauwerkserhaltung und Denkmalpflege e. V., 1998
[51]	WTA Merkblatt 5-20 „Gelinjektion", Ausgabe 05/2009
[52]	WTA Schriftenreihe: WTA-Tag 2009 Darmstadt – Bauinstandsetzen heute, Herausgegeben von Prof. Dr.-Ing. Harald Garrecht und
[53]	ZDB, Zentralverband Deutsches Baugewerbe „Verbundabdichtungen", Januar 2010, Ersatz für Ausgabe Januar 2005
[54]	ZTV-ING "Zusätzliche Technische Vertragsbedingungen und Richtlinien für Ingenieurbauten " Teil 3: Massivbau, Abschnitt 5: Füllen von Rissen und Hohlräumen in Betonbauteilen, Bundesanstalt für Straßenwesen, Stand 03/12
[55]	ZTV-ING „Zusätzliche Technische Vertragsbedingungen und Richtlinien für Ingenieurbauten" Teil 5: Tunnelbau, Bundesanstalt für Straßenwesen, Stand 03/12

Anhang

[1]	DAfStb-Richtlinie für Schutz und Instandsetzung von Betonbauteilen; Deutscher Ausschuss für Stahlbeton 10.2001; mit Berichtigung 01.2002 und 12.2005
[2]	DAfStb-Richtlinie für wasserundurchlässige Bauwerke aus Beton, WU-Beton, Technische Regel, Ausgabe: 2003-11, Wasserundurchlässige Bauwerke aus Beton (WU-Richtlinie)
[3]	Deutscher Ausschuss für Stahlbeton (Hrsg.): Erläuterungen zur DAfStb-Richtlinie für wasserundurchlässige Bauwerke aus Beton, WU-Beton, Technische Regel, Ausgabe: 2003-11, Wasserundurchlässige Bauwerke aus Beton (WU-Richtlinie)
[4]	Erläuterungen zur DAfStb-Richtlinie "Wasserundurchlässige Bauwerke aus Beton". Heft 555, Deutscher Ausschuss für Stahlbeton, Beuth Verlag GmbH, Berlin-Wien-Zürich, 2006
[5]	Heft 525 des Deutschen Ausschusses für Stahlbeton (DAfStb): Erläuterung zu DIN 1045-1; Ausgabe 2003; 2. Überarbeitete Auflage 2010 (Entwurf 12/2009)
[6]	Heft 526 des Deutschen Ausschusses für Stahlbeton (DAfStb): Erläuterung zu den Normen DIN EN 206-1, DIN 1045-2, DIN 1045-3, DIN 1045-4 und DIN 4226: Ausgabe 2003; 2. Überarbeitete Auflage 2009
[7]	Heft 526 des Deutschen Ausschusses für Stahlbeton (DAfStb): Erläuterung zu den Normen DIN EN 206-1, DIN 1045-2, DIN 1045-3, DIN 1045-4 und DIN 4226: Ausgabe 2003; 2. Überarbeitete Auflage 2009
[8]	ZTV-ING "Zusätzliche Technische Vertragsbedingungen und Richtlinien für Ingenieurbauten" Teil 3: Massivbau, Abschnitt 5: Füllen von Rissen und Hohlräumen in Betonbauteilen, Bundesanstalt für Straßenwesen, Stand 03/12
[9]	ZTV-ING „Zusätzliche Technische Vertragsbedingungen und Richtlinien für Ingenieurbauten" Teil 5: Tunnelbau, Bundesanstalt für Straßenwesen, Stand 03/12

[1]	DIN 1045 Beton und Stahlbeton; Bemessung und Ausführung, Teil 1: Bemessung und Konstruktion, Erläuterungen zu DIN 1045-1, Heft 525, Deutscher Ausschuss für Stahlbeton, Beuth Verlag GmbH, Berlin-Wien-Zürich, 2003, Teil 2: Beton, Teil 3: Bauausführung, Teil 4: Ergänzende Regeln für die Herstellung und die Konformität von Fertigteilen, Teil 100: Ziegeldecken
[2]	DIN 1055 Einwirkungen auf Tragwerke, Teil 1: Wichten und Flächenlasten von Baustoffen, Bauteilen und Lagerstoffen, Teil 2: Bodenkenngrößen, Teil 3: Eigen- und Nutzlasten für Hochbauten, Teil 4: Windlasten, Teil 5: Schnee- und Eislasten, Teil 6: Einwirkungen auf Silos und Flüssigkeitsbehälter, Teil 7: Temperatureinwirkungen, Teil 8: Einwirkungen während der Bauausführung, Teil 9: Außergewöhnliche Einwirkungen, Teil 10: Einwirkungen infolge Krane und Maschinen, Teil 100: Grundlagen der Tragwerksplanung, Sicherheitskonzept und Bemessungsregeln
[3]	DIN 16945: Reaktionsharze, Reaktionsmittel und Reaktionsharzmassen; Prüfverfahren, Prüfung von Mörteln mit mineralischen Bindemitteln – Teil 2: Frischmörtel mit dichten Zuschlägen, Bestimmung der Konsistenz, der Rohdichte und des Luftgehaltes
[4]	DIN 18555-3 Prüfung von Mörteln mit mineralischen Bindemitteln – Teil 3: Festmörtel, Bestimmung der Biegezugfestigkeit, Druckfestigkeit und Rohdichte
[5]	DIN 4095: Baugrund, Drähnung zum Schutz baulicher Anlagen, Ausgabe 1990
[6]	DIN 4108: Wärmeschutz und Energieeinsparung in Gebäuden – 2003
[7]	DIN 4123: Ausschachtungen, Gründungen und Unterfangungen im Bereich bestehender Gebäude: 2000-09
[8]	DIN 52617: Bestimmung des Wasseraufnahmekoeffizienten von Baustoffen
[9]	DIN 53018-2: Viskosimetie; Messung der dynamischen Viskosität newtonscher Flüssigkeiten mit Rotationsviskosimetern, Fehlerquellen und Korrekturen bei Zylinder-Rotationsviskosimetern
[10]	DIN EN 1542: Messung der Haftfestigkeit im Abreißversuch
[11]	DIN V 18028: Rissfüllstoffe nach DIN EN 1504-5: 2005-03 mit besonderen Eigenschaften. Beuth, Berlin, 2006

[12] DIN EN 1504: Teile 1 – 10, Produkte und Systeme für den Schutz und die Instandsetzung von Betontragwerken - Definitionen, Anforderungen, Güteüberwachung und Beurteilung der Konformität, Teil 1: Definitionen, Teil 2: Oberflächenschutzsysteme für Beton, Teil 3: Statisch und nicht statisch relevante Instandsetzung, Teil 4: Kleber für Bauzwecke, Teil 5: Injektion von Betonbauteilen, Teil 6: Verankerung von Bewehrungsstäben, Teil 7: Korrosionsschutz der Bewehrung, Teil 8: Qualitätsüberwachung und Beurteilung der Konformität, Teil 9: Allgemeine Grundsätze für die Anwendung von Produkten und Systemen, Teil 10: Anwendung von Stoffen und Systemen auf der Baustelle, Qualitätsüberwachung der Ausführung, Ausgabe 2005-03. Anmerkung: zur Normenreihe EN 1504 sind aktuelle nationale Regelungen zu beachten!

[13] DIN EN 1996-1-2/NA (Entwurf-Eurocode 6) Bemessung und Konstruktion von Mauerwerksbauten

	Lufttemperatur										
	5 °C	6 °C	7 °C	8 °C	9 °C	10 °C	11 °C	12 °C	13 °C	14 °C	
relative Luftfeuchte	**Taupunkt bei:**										relative Luftfeuchte
50 %	-4.0	-3.2	-2.4	-1.6	-0.8	0.1	1.0	1.9	2.9	3.8	50 %
51 %	-3.8	-3.0	-2.2	-l.4	-0.5	0.4	1.3	2.2	3.2	4.1	51 %
52 %	-3.6	-2.8	-2.0	-1.1	-0.3	0.6	1.5	2.4	3.4	4.3	52 %
53 %	-3.3	-2.5	-1.7	-0.9	0.0	0.9	1.8	2.7	3.7	4.6	53 %
54 %	-3.1	-2.3	-1.5	-0.6	0.3	1.1	2.0	2.9	3.9	4.8	54 %
55 %	-2.9	-2.1	-1.3	-0.4	0.5	l.4	2.3	3.2	4.2	5.1	55 %
56 %	-2.7	-1.9	-1.1	-0.2	0.7	1.6	2.5	3.4	4.4	5.4	56 %
57 %	-2.5	-1.7	-0.9	0.0	1.0	1.9	2.8	3.6	4.6	5.6	57 %
58 %	-2.3	-l.4	-0.6	0.3	1.2	2.1	3.0	3.9	4.9	5.9	58 %
59 %	-2.1	-1.2	-0.4	0.5	1.5	2.4	3.3	4.1	5.1	6.1	59 %
60 %	-1.9	-1.0	-0.2	0.7	1.7	2.6	3.5	4.3	5.4	6.4	60 %
61 %	-1.7	-0.8	0.1	0.9	1.9	2.8	3.7	4.5	5.6	6.6	61 %
62 %	-1.5	-0.6	0.3	1.1	2.1	3.0	3.9	4.8	5.8	6.9	62 %
63 %	-l.4	-0.5	0.5	1.4	2.4	3.3	4.2	5.0	6.1	7.1	63 %
64 %	-1.2	-0.3	0.7	1.6	2.6	3.5	4.4	5.3	6.3	7.3	64 %
65 %	-1.0	-0.1	0.9	1.8	2.8	3.7	4.6	5.5	6.5	7.5	65 %
66 %	-0.8	0.1	1.1	2.0	3.0	3.9	4.8	5.7	6.7	7.7	66 %
67 %	-0.6	0.3	1.3	2.2	3.2	4.1	5.0	5.9	6.9	7.9	67 %
68 %	-0.4	0.5	1.5	2.5	3.4	4.4	5.3	6.2	7.2	8.2	68 %
69 %	-0.2	0.7	1.7	2.7	3.7	4.6	5.5	6.4	7.4	8.4	69 %
70 %	0.0	0.9	1.9	2.9	3.9	4.8	5.7	6.6	7.6	8.6	70 %
71 %	0.2	1.1	2.1	3.1	4.1	5.0	5.9	6.8	7.8	8.8	71 %
72 %	0.4	1.3	2.3	3.3	4.2	5.1	6.2	7.0	8.0	9.0	72 %
73 %	0.6	1.5	2.5	3.5	4.4	5.3	6.3	7.2	8.2	9.2	73 %
74 %	0.7	1.7	2.7	3.7	4.6	5.4	6.4	7.4	8.4	9.4	74 %
75 %	0.9	1.9	2.9	3.9	4.8	5.6	6.6	7.6	8.6	9.6	75 %
76 %	1.1	2.2	3.1	4.1	5.0	5.8	6.8	7.8	8.8	9.8	76 %
77 %	1.3	2.3	3.3	4.3	5.2	6.0	7.0	8.0	9.0	10.0	77 %
78 %	l.4	2.4	3.4	4.4	5.4	6.3	7.2	8.1	9.2	10.2	78 %
79 %	1.6	2.6	3.6	4.6	5.6	6.5	7.4	8.3	9.4	10.4	79 %
80 %	1.8	2.8	3.8	4.8	5.8	6.7	7.6	8.5	9.6	10.6	80 %
81 %	2.0	3.0	4.0	5.0	6.0	6.9	7.8	8.7	9.7	10.8	81 %
82 %	2.1	3.1	4.1	5.1	6.1	7.0	8.0	8.9	9.9	11.0	82 %
83 %	2.3	3.3	4.3	5.3	6.3	7.2	8.2	9.1	10.1	11.1	83 %
84 %	2.4	3.4	4.4	5.4	6.4	7.4	8.4	9.3	10.3	11.3	84 %
85 %	2.6	3.6	4.6	5.6	6.6	7.6	8.6	9.5	10.5	11.5	85 %

Beispiel: abgelesene Lufttemperatur = 28 °C, abgelesene relative Luftfeuchtigkeit = 73 %, Ablesung des Taupunktes auf der Tabelle = 22.9 °C, **Mindesttemperatur des Bauwerkes = 22.9 °C + 3 °C = 25.9 °C (Sollwert)**

Anhang

	Lufttemperatur										
	15 °C	16 °C	17 °C	18 °C	19 °C	20 °C	21 °C	22 °C	23 °C	24 °C	
relative Luftfeuchte	Taupunkt bei:										relative Luftfeuchte
50 %	4.7	5.6	6.5	7.4	8.4	9.3	10.2	11.1	12.0	12.9	50 %
51 %	5.0	5.9	6.8	7.7	8.7	9.6	10.5	11.4	12.3	13.2	51 %
52 %	5.3	6.2	7.1	8.0	9.0	9.9	10.8	11.7	12.6	13.5	52 %
53 %	5.5	6.4	7.3	8.2	9.2	10.1	11.0	11.0	12.8	13.8	53 %
54 %	5.8	6.7	7.6	8.5	9.5	10.4	11.3	12.2	13.1	14.1	54 %
55 %	6.0	7.0	7.9	8.8	9.8	10.7	11.6	12.5	13.4	14.4	55 %
56 %	6.3	7.2	8.2	9.1	10.1	11.0	11.9	12.8	13.7	14.7	56 %
57 %	6.6	7.5	8.4	9.3	10.3	11.2	12.2	13.1	14.0	15.0	57 %
58 %	6.8	7.7	8.7	9.6	10.6	11.5	12.4	13.3	14.2	15.2	58 %
59 %	7.1	8.0	8.9	9.8	10.8	11.7	12.7	13.6	14.5	15.5	59 %
60 %	7.3	8.2	9.2	10.1	11.1	12.0	13.0	13.9	14.8	15.8	60 %
61 %	7.5	8.4	9.4	10.3	11.3	12.2	13.2	14.2	15.1	16.0	61 %
62 %	7.8	8.7	9.7	10.6	11.6	12.5	13.5	14.4	15.3	16.3	62 %
63 %	8.0	8.9	9.9	10.8	11.8	12.7	13.7	14.7	15.6	16.5	63 %
64 %	8.3	9.2	10.2	11.1	12.1	13.0	14.0	14.9	15.8	16.8	64 %
65 %	8.5	9.4	l0.4	11.3	12.3	13.2	14.2	15.2	16.1	17.0	65 %
66 %	8.7	9.6	10.6	11.5	12.5	13.4	14.4	15.4	16.3	17.2	66 %
67 %	8.9	9.8	10.8	11.7	12.7	13.6	14.6	15.6	16.5	17.5	67 %
68 %	9.2	10.1	11.1	12.0	13.0	13.9	14.9	15.9	16.8	17.7	68 %
69 %	9.4	10.3	11.3	12.2	13.2	14.1	15.1	16.1	17.0	18.0	69 %
70 %	9.6	10.5	11.5	12.4	13.4	14.3	15.3	16.3	17.2	18.2	70 %
71 %	9.8	10.7	11.7	12.6	13.6	14.5	15.5	16.5	17.4	18.4	71 %
72 %	10.0	10.9	11.9	12.8	13.8	14.7	15.7	16.7	17.6	18.6	72 %
73 %	10.2	11.1	12.1	13.1	14.1	15.0	16.0	17.0	17.9	18.9	73 %
74 %	10.4	11.3	12.1	13.3	14.3	15.2	16.2	17.2	18.1	19.1	74 %
75 %	10.6	11.5	12.5	13.5	14.5	15.4	16.4	17.4	18.3	19.3	75 %
76 %	10.8	11.7	12.7	13.7	14.7	15.6	16.6	17.6	18.5	19.5	76 %
77 %	11.0	11.9	12.9	13.9	14.9	15.8	16.8	17.8	18.7	19.7	77 %
78 %	11.2	12.1	13.1	14.1	15.1	16.1	17.1	18.0	18.9	19.9	78 %
79 %	11.4	12.3	13.3	14.3	15.3	16.3	17.3	18.2	19.1	20.1	79 %
80 %	11.6	12.5	13.5	14.5	15.5	16.5	17.5	18.4	19.4	20.3	80 %
81 %	11.8	12.7	13.7	14.7	15.7	16.7	17.7	18.6	19.6	20.5	81 %
82 %	12.0	12.9	13.9	14.9	15.9	16.9	17.9	18.8	19.8	20.7	82 %
83 %	12.1	13.0	14.0	15.0	16.0	17.0	18.0	19.0	20.0	20.9	83 %
84 %	12.3	13.2	14.2	15.2	16.2	17.2	18.2	19.2	20.2	21.1	84 %
85 %	12.5	13.4	14.4	15.4	16.4	17.4	18.4	19.4	20.4	21.3	85 %

Beispiel: abgelesene Lufttemperatur = 28 °C, abgelesene relative Luftfeuchtigkeit = 73 %, Ablesung des Taupunktes auf der Tabelle = 22.9 °C, **Mindesttemperatur des Bauwerkes = 22.9 °C + 3 °C = 25.9 °C (Sollwert)**

	Lufttemperatur										
	25 °C	26 °C	27 °C	28 °C	29 °C	30 °C	31 °C	32 °C	33 °C	34 °C	
relative Luftfeuchte	Taupunkt bei:										relative Luftfeuchte
50 %	13.8	14.7	15.7	16.6	17.6	18.5	19.4	20.3	21.2	22.1	50 %
51 %	14.1	15.1	16.0	17.0	17.9	18.8	19.7	20.6	21.5	22.4	51 %
52 %	14.4	15.4	16.3	17.3	18.2	19.1	20.0	20.9	21.8	22.7	52 %
53 %	14.7	15.6	16.5	17.5	18.4	19.3	20.2	21.1	22.1	23.0	53 %
54 %	15.0	15.9	16.8	17.8	18.7	19.6	20.5	21.4	22.4	23.3	54 %
55 %	15.3	16.2	17.1	18.1	19.0	19.9	20.8	21.7	22.7	23.6	55 %
56 %	15.6	16.5	17.4	18.4	19.3	20.2	21.1	22.0	23.0	23.9	56 %
57 %	15.9	16.8	17.7	18.7	19.6	20.4	21.3	22.3	23.2	24.2	57 %
58 %	16.1	17.0	17.9	18.9	19.9	20.7	21.6	22.6	23.5	24.5	58 %
59 %	16.4	17.3	18.2	19.2	20.2	20.9	21.9	22.8	23.8	24.7	59 %
60 %	16.7	17.6	18.5	19.4	20.5	21.2	22.2	23.1	24.1	25.0	60 %
61 %	16.9	17.9	18.8	19.7	20.7	21.5	22.5	23.4	24.4	25.3	61 %
62 %	17.2	18.2	19.1	20.0	20.9	21.8	22.8	23.7	24.7	25.6	62 %
63 %	17.4	18.4	19.3	20.3	21.2	22.2	23.1	24.0	25.0	25.9	63 %
64 %	17.7	18.7	19.6	20.6	21.6	22.5	23.4	24.3	25.3	26.2	64 %
65 %	17.9	18.9	19.9	20.9	21.9	22.8	23.7	24.6	25.6	26.5	65 %
66 %	18.1	19.1	20.1	21.1	22.2	23.1	24.0	24.9	25.9	26.8	66 %
67 %	18.4	19.4	20.4	21.4	22.4	23.4	24.3	25.2	26.1	27.0	67 %
68 %	18.6	19.6	20.6	21.7	22.7	23.6	24.5	25.4	26.4	27.3	68 %
69 %	18.9	19.9	20.9	21.9	22.9	23.9	24.8	25.7	26.6	27.5	69 %
70 %	19.1	20.1	21.1	22.1	23.2	24.2	25.1	26.0	26.9	27.8	70 %
71 %	19.3	20.3	21.3	22.4	23.4	24.4	25.3	26.2	27.1	28.0	71 %
72 %	19.5	20.5	21.5	22.6	23.6	24.6	25.5	26.4	27.4	28.3	72 %
73 %	19.8	20.8	21.8	22.9	23.9	24.9	25.8	26.7	27.6	28.5	73 %
74 %	20.0	21.0	22.0	23.1	24.1	25.1	26.0	26.9	27.9	28.8	74 %
75 %	20.2	21.2	22.2	23.3	24.3	25.3	26.2	27.1	28.1	29.0	75 %
76 %	20.4	21.4	22.4	23.5	24.5	25.5	26.4	27.3	28.3	29.2	76 %
77 %	20.6	21.6	22.6	23.7	24.7	25.7	26.6	27.5	28.5	29.4	77 %
78 %	20.9	21.9	22.9	23.9	25.0	26.0	26.9	27.8	28.8	29.7	78 %
79 %	21.1	22.1	23.1	24.1	25.2	26.2	27.0	28.0	29.0	29.1	79 %
80 %	21.3	22.3	23.3	24.3	25.4	26.4	27.3	28.2	29.2	30.1	80 %
81 %	21.5	22.5	23.5	24.5	25.6	26.6	27.5	28.5	29.5	30.4	81 %
82 %	21.7	22.7	23.7	24.7	25.8	26.8	27.8	28.7	29.8	30.7	82 %
83 %	21.9	22.9	24.0	25.0	26.1	27.1	28.0	29.0	30.0	31.0	83 %
84 %	22.1	23.1	24.2	25.2	26.3	27.3	28.3	29.2	30.3	31.3	84 %
85 %	22.3	23.3	24.4	25.4	26.5	27.5	28.5	29.5	30.6	31.6	85 %

Beispiel: abgelesene Lufttemperatur = 28 °C, abgelesene relative Luftfeuchtigkeit = 73 %, Ablesung des Taupunktes auf der Tabelle = 22.9 °C, **Mindesttemperatur des Bauwerkes = 22.9 °C + 3 °C = 25.9 °C (Sollwert)**

Anhang

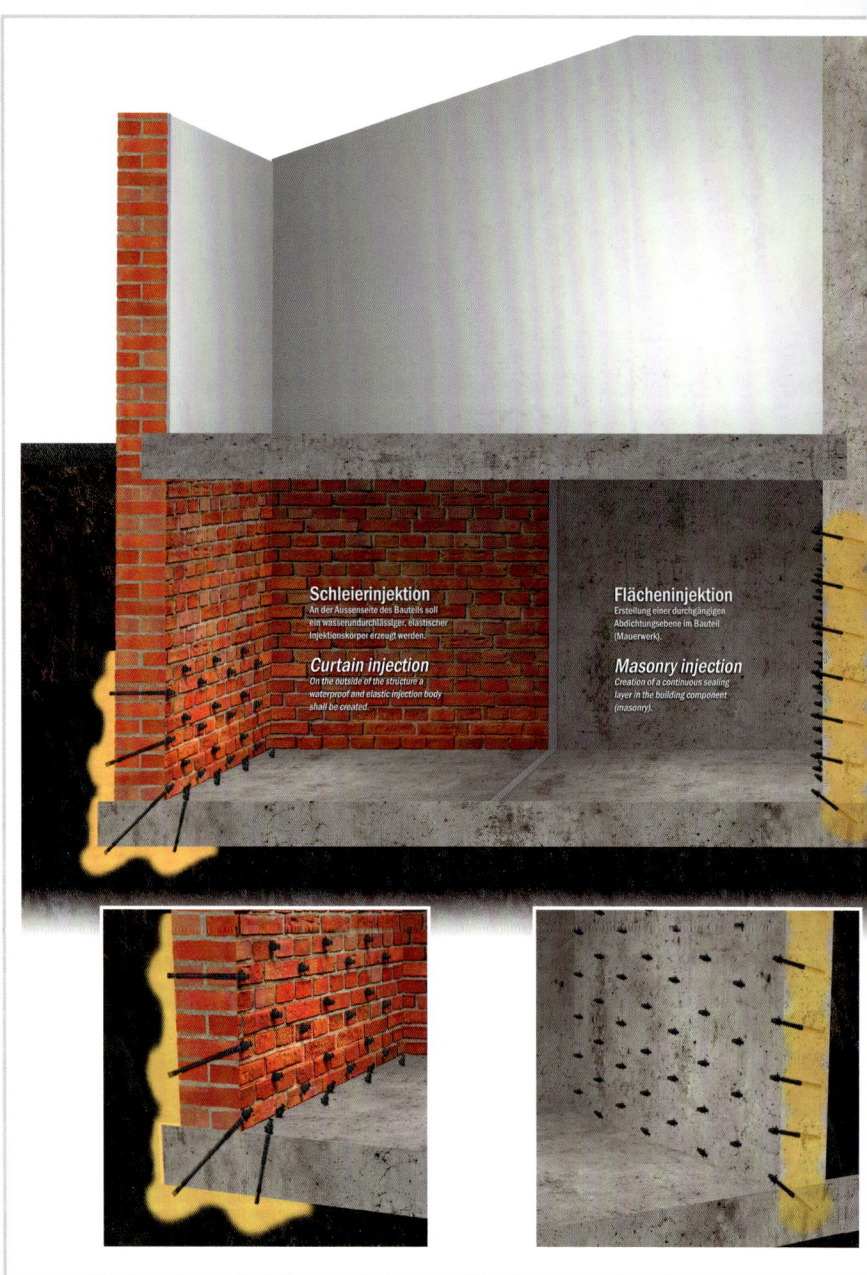

Schleierinjektion
An der Aussenseite des Bauteils soll ein wasserundurchlässiger, elastischer Injektionskörper erzeugt werden.

Curtain injection
On the outside of the structure a waterproof and elastic injection body shall be created.

Flächeninjektion
Erstellung einer durchgängigen Abdichtungsebene im Bauteil (Mauerwerk).

Masonry injection
Creation of a continuous sealing layer in the building component (masonry).

Mehrstufeninjektion
Homogenes Ziegelmauerwerk

Multistage injection
Homogeneous brick masonry

Bohrlochabstand   *Drill hole spacing*
ca. 8 cm
ca. 10-12 cm

Mehrstufeninjektion
Mauerwerk mit Hohlräumen

Multistage injection
Masonry with hollows and voids

Bohrlochabstand   *Drill hole spacing*
ca. 10 cm

Anhang

System Schnellschnappverschluss

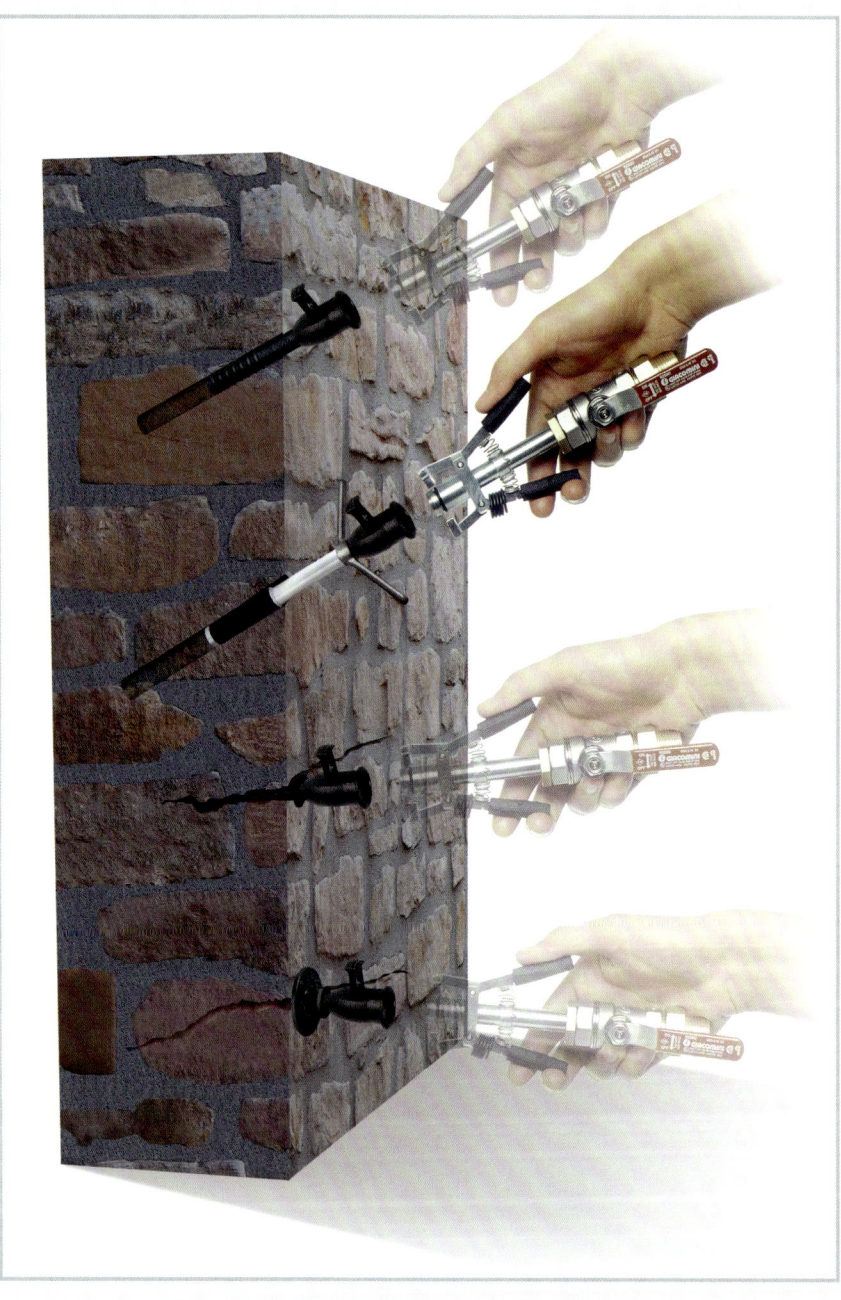

Rissverpressung über Bohrpacker

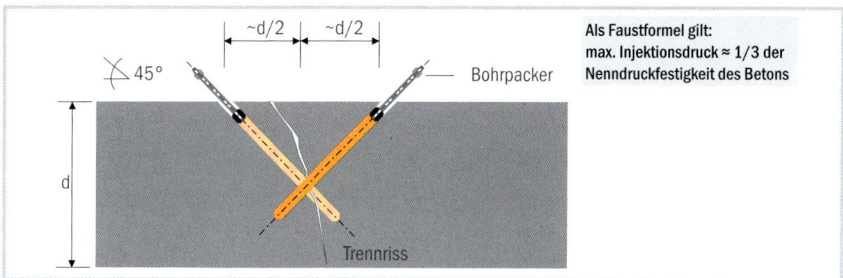

Als Faustformel gilt:
max. Injektionsdruck ≈ 1/3 der
Nenndruckfestigkeit des Betons

Rissverpressung über Bohrpacker (Quelle: R. Hohmann [30])

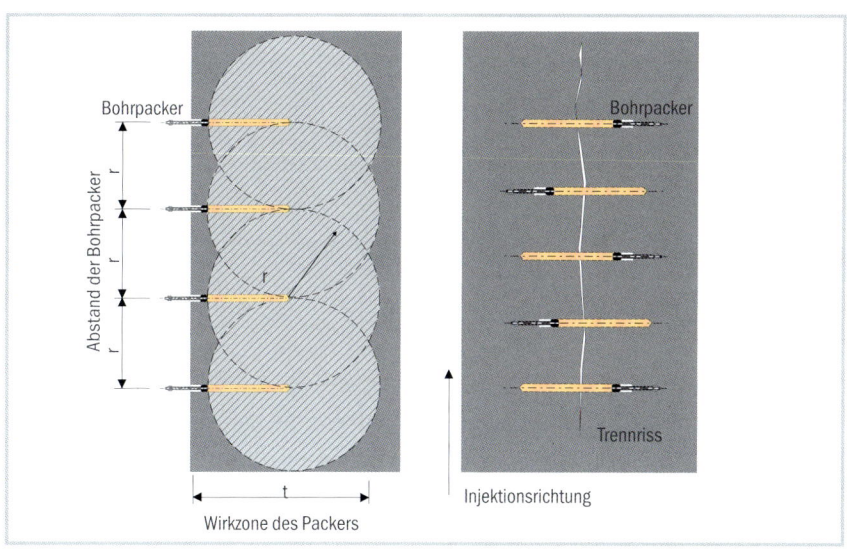

Anordnung der Bohrpacker bei der Rissverpressung (nach ZTV-ING) (Quelle: R. Hohmann [30])

Flächeninjektion

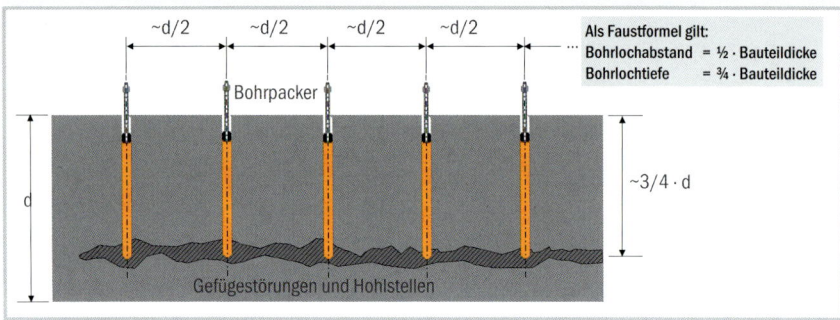

Flächeninjektion in einem Bauteil (Quelle: R. Hohmann [30])

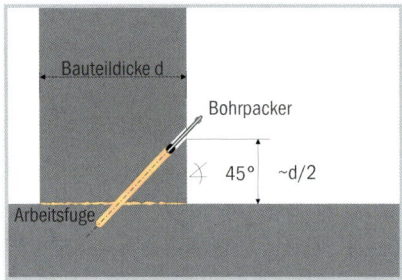

Verpressung einer Arbeitsfuge zwischen Bodenplatte und Wand (Quelle: R. Hohmann [30])

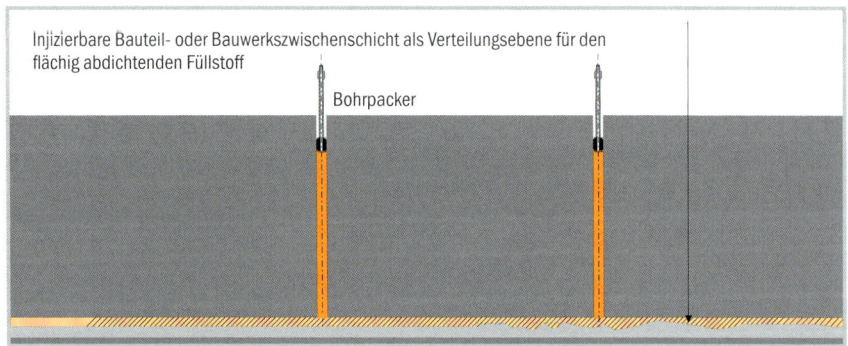

(Quelle: R. Hohmann [30])

Instandsetzung undichter Dehnfugen

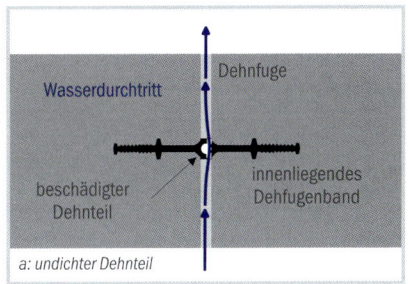

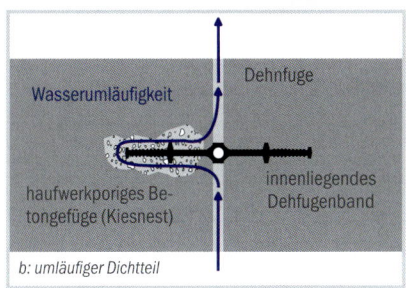

Ursachen für einen Wasserdurchtritt bei Dehnfugen am Beispiel eines innenliegenden Dehnfugenbandes (Quelle: R. Hohmann [30])

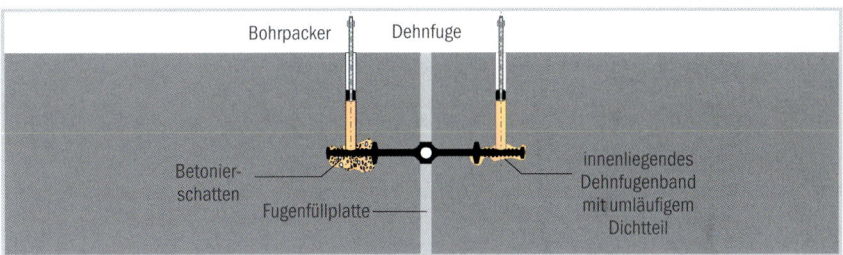

Verpressung von Hohlstellen am Dichtteil bei innen liegendem Dehnfugenband (Quelle: R. Hohmann [30])

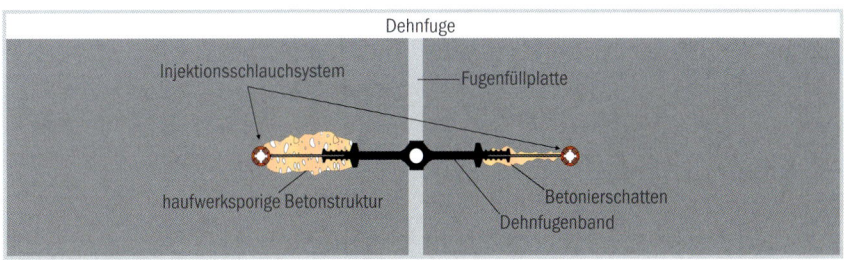

Verpressung von Hohlstellen im Bereich des Dichtteils über eingebaute Injektionsschläuche (Quelle: R. Hohmann [30])

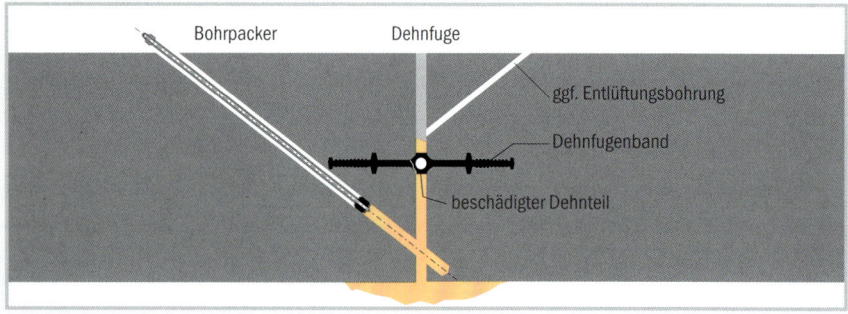

Vergelung der Fuge bei beschädigtem Dehnteil (Quelle: R. Hohmann [30])

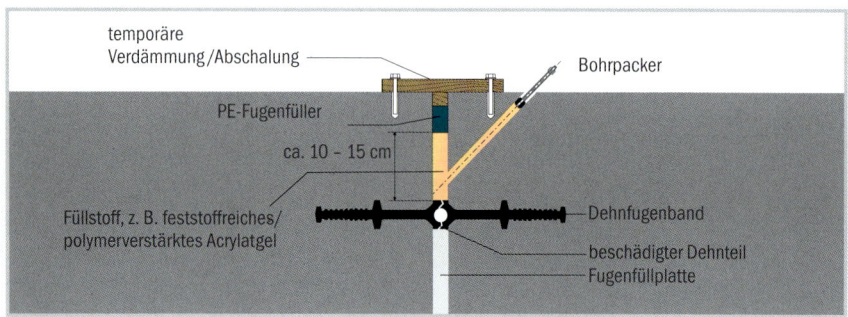

Injektion des Zwischenraumes zwischen Fugenband und raumseitiger Bauteiloberfläche (Quelle: R. Hohmann [30])

Verdämmung

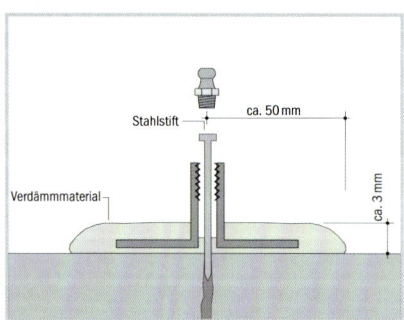

Schema Verdämmung mit Klebepacker

Schleierinjektion

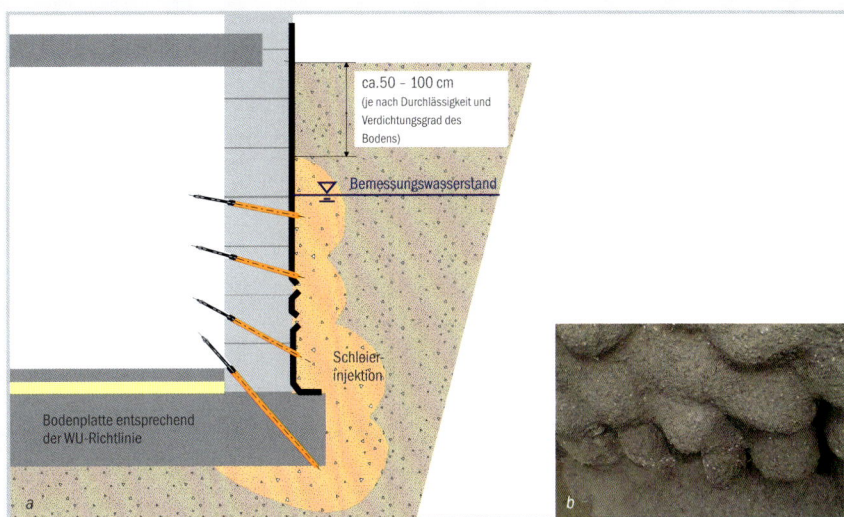

Beispiel einer Schleiervergelung a: Prinzipskizze, b: freigelegter Injektionsschleier (Quelle: R. Hohmann [30])

„Trocken dämmt am Besten"

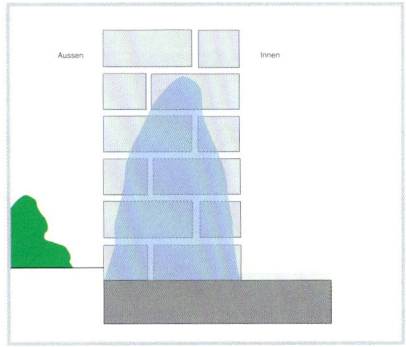

Mauerwerksfeuchte

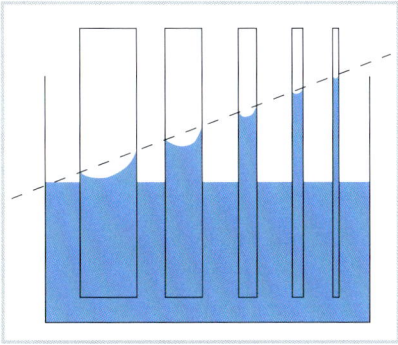

Kapillarwirkung

Anhang

Voraussetzungen für den Injektionserfolg

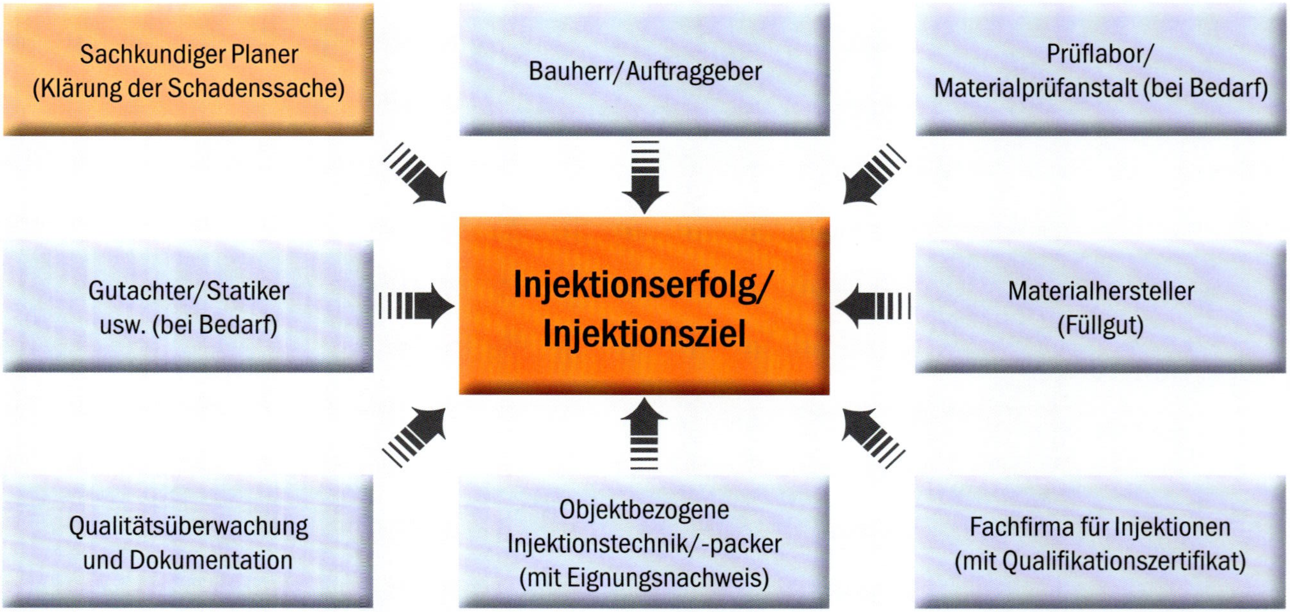

Prüflabor/
Materialprüfanstalt (bei Bedarf)

Materialhersteller
(Füllgut)

Fachfirma für Injektionen
(mit Qualifikationszertifikat)

Bauherr/Auftraggeber

**Injektionserfolg/
Injektionsziel**

Objektbezogene
Injektionstechnik/-packer
(mit Eignungsnachweis)

Sachkundiger Planer
(Klärung der Schadenssache)

Gutachter/Statiker
usw. (bei Bedarf)

Qualitätsüberwachung
und Dokumentation

DESOI®

Injektions-Abc

Stichwortverzeichnis

Anhang

Anhang

Anhang